"十四五"高等职业教育智能制造系列教材

智能制造应用技术与实践
（第二版）

蒋道霞　嵇正波　赵林林 ◎ 主　编
符学龙　林　伟　陈宁宁 ◎ 副主编
武　涛　张　驰　于云峰 ◎ 参　编
刘　欢　顾　航　赵瑞晓
杜　萍 ◎ 主　审

Application Technology and Practice of Intelligent Manufacturing

中国铁道出版社有限公司
CHINA RAILWAY PUBLISHING HOUSE CO., LTD.

内 容 简 介

本书以江苏省现代模具智能制造与虚拟仿真实训平台为基础，以产品生命周期管理（PLM）为主线，通过传送带、AGV 小车、工业机器人等设备实现智能制造。本书将虚拟仿真技术与智能制造有机融合，集聚智能制造核心要素，主要包括智能制造产线、虚拟仿真实训、工业机器人技术、增材制造技术、微型机床的创新加工、大数据应用技术、大数据创意编程、物联网技术和人工智能技术应用等内容。

本书以"技术素养＋管理能力"人才培养为目标，注重理论与工程实际相结合。编写过程中，注重融入新技术、新工艺、新规范，紧跟智能制造的趋势和特点，缩短学生在专业技术技能和生产一线要求之间的距离，具有高素质技术技能人才培养的特色。

本书属于智能制造通识类教材，适合作为高等职业院校机电一体化技术、电气自动化技术、数控技术、工业机器人技术、企业管理、财务管理、金融管理等专业的教材，也可作为智能制造技术人员的参考书或培训用书。

图书在版编目（CIP）数据

智能制造应用技术与实践 / 蒋道霞，嵇正波，赵林林主编. -- 2版. -- 北京：中国铁道出版社有限公司，2025.1. --（"十四五"高等职业教育智能制造系列教材）. -- ISBN 978-7-113-31763-8

Ⅰ. TH166

中国国家版本馆CIP数据核字第2025F12K65号

书　　名	智能制造应用技术与实践
作　　者	蒋道霞　嵇正波　赵林林

策　　划	张围伟	编辑部电话：(010) 63560043	
责任编辑	何红艳　绳　超		
封面设计	刘　莎		
责任校对	苗　丹		
责任印制	赵星辰		

出版发行：中国铁道出版社有限公司（100054，北京市西城区右安门西街 8 号）

网　　址：https://www.tdpress.com/51eds

印　　刷：河北宝昌佳彩印刷有限公司

版　　次：2021 年 7 月第 1 版　2025 年 1 月第 2 版　2025 年 1 月第 1 次印刷

开　　本：787 mm×1 092 mm　1/16　印张：16.75　字数：451 千

书　　号：ISBN 978-7-113-31763-8

定　　价：59.80 元

版权所有　侵权必究

凡购买铁道版图书，如有印制质量问题，请与本社教材图书营销部联系调换。电话：(010) 63550836
打击盗版举报电话：(010) 63549461

前 言

面对科技进步与产业变革的加速推进,新时代的高等职业教育正面临着诸多挑战,亟须打破传统框架,形成新理念、新思维、新模式、新知识和新技术。党的二十大报告指出:"加快建设国家战略人才力量,努力培养造就更多大师、战略科学家、一流科技领军人才和创新团队、青年科技人才、卓越工程师、大国工匠、高技能人才。"改革,始终是高等职业教育持续发展的核心议题。在新的形势下,传统专业的交叉融合趋势日益明显,多学科交叉融合的教育模式逐渐显现。以智能制造、工业机器人、增材制造、物联网技术、大数据和人工智能等专业为核心的新工科建设,已成为我国高等职业教育的改革方向。传统职业教育需遵循国家发展战略,进行跨界、整合及重构,驱动职业教育协同育人机制,助力区域经济与产业发展。

本书第一版于 2021 年 7 月出版。在过去的几年里,智能制造和新一代信息技术又获得了新的发展,如大数据、物联网、人工智能等技术广泛应用于制造行业。为适应智能制造技术的新发展,同时为继续保持本书的先进性、实用性和通用性,编者及时进行了补充和修订。

此次修订,基于以下几点考虑:一是紧跟智能制造技术领域的最新发展动态,确保教材内容的时效性与前沿性;二是弱化教材实验依赖于特定平台,确保教材的实践性和通用性;三是融入党的二十大报告关于大国工匠和高技能人才建设的战略精神,鼓励学生在掌握基础理论的同时,勇于探索和创新实践。在修订过程中,我们保留了前一版的精华内容,如清晰的项目任务、丰富的实践案例,以及贴近岗位的教学设计,同时体现了诸多新特色:一是紧跟新技术发展,增加了小米汽车生产线案例、完善了 ABB 机器人操作指令、更新了 3D 打印新技术等;二是强化智能技术的应用,增加了大数据环境搭建和人工智能技术的应用实践;三是强化思政教育元素,引导学生树立正确的价值观,为实现科技自立自强贡献力量。

本书具备以下显著特点:

(1) 融入课程思政,注重素养提升。以习近平总书记提出的"培养更多高素质技术技能人才、能工巧匠、大国工匠"为指导,紧扣《"十四五"智能制造发展规划》,顺应工业互联网发展的产业集群新业态,将产品智能制造环节的理论、技术技能训练贯穿项目任务全过程,坚持技能训练与价值引领相结合,融入课程思政。将分析问题、解决问题的思维方法贯穿到项目任务中,并体现恪守标准、执行规范、团队协作、严谨专注、精益求精和追求卓越的职业素养养成。

（2）打破壁垒，融会贯通。基于"工科+商科"的人才培养理念，优化"专业引领、能力驱动、校企联动"的人才培养机制，打破专业壁垒与界限，致力于培养兼具技术素养和管理能力的复合型技术技能人才。这一目标的实现与教育教学体系架构、教学模式、人才培养体系、实践教学、教学质量等因素紧密相连，本书致力于构建"技术素养+管理能力"的复合型高素质技术技能人才培养体系。

（3）校企合作，产教融合。本书项目源自校企深度产教融合的真实项目，是一本由一批既具备丰富工程实践经验又拥有深厚教学实践经验的人员共同编写创作的"理虚实"一体化教材。以上海西马特机械制造有限公司真实产品智能加工为任务，以提升实践能力为导向，围绕虚拟智造产线搭建、智能仓储与输送、工业机器人应用、智能加工与检测等技能主线，充分彰显智能制造领域技术技能人才培养新特性、新趋势；与华为技术有限公司合作，精选大数据、人工智能和物联网等技术的项目案例，将新一代信息技术的学习与应用融入教学任务。将"理论学习、虚拟仿真、实践操作"有机融合，强化职业岗位能力训练，强化学生对智能制造全系统、全产业链、产品全生命周期管理的系统了解和掌握。

（4）新形态设计，配套数字化资源。本书构建"课程模块化、教学现场化"的教学模式，强化实践现场对理论课程与课堂教学的融入性，推动课程内容与教学实践的有机结合，实现教育教学与生产实践的紧密衔接。将教材难点和每个项目任务操作过程拍摄成微课，通过扫描书中二维码观看，同时配套提供企业实际工程案例、视频、动画、教学设计、教学课件等丰富的数字化资源。

本书由江苏财经职业技术学院智能工程技术学院蒋道霞、嵇正波、赵林林任主编，符学龙、林伟、陈宁宁任副主编，全书由江苏财经职业技术学院杜萍主审。参加编写工作的还有智能工程技术学院武涛、张驰、于云峰、刘欢、顾航、赵瑞晓。具体编写分工如下：项目一由嵇正波、刘欢编写，项目二由武涛编写，项目三由林伟编写，项目四由符学龙、赵林林编写，项目五由于云峰编写，项目六由蒋道霞、赵瑞晓编写，项目七由张驰编写，项目八由陈宁宁编写，项目九由顾航编写。全书由蒋道霞统稿、定稿。

由于编写时间紧、相互协调难度大等原因，本书难免存在不足，恳请使用本书的教师和学生批评指正，以便本书不断改进和完善。

编　者

2024 年 7 月

目录

项目一 智能制造产线 ... 1

任务一 初识智能制造 ... 1
一、智能制造基本概念 ... 2
二、智能制造典型特征 ... 2
三、"工业4.0"与"制造强国" ... 3

任务二 智能制造产线认知 ... 5
一、智能制造产线硬件系统 ... 6
二、智能制造产线软件架构 ... 9
三、智能工厂案例——小米汽车工厂 ... 11

任务三 体验智能生产 ... 12
一、主轴箱智能生产 ... 13
二、鲁班锁智能装配 ... 18
三、摇摆气缸智能装配 ... 22
四、书签个性化定制 ... 25
五、冲压零件智能生产 ... 27

任务四 智能制造产品成本核算 ... 29
一、成本的构成与制造型企业通常的架构 ... 30
二、主轴箱制造成本核算 ... 31

巩固与练习 ... 37

项目二 虚拟仿真实训 ... 39

任务一 MES系统及数字孪生 ... 39
一、MES系统和数字孪生技术概述 ... 40
二、认识MES系统 ... 41

任务二 智能制造产线虚拟仿真与搭建 ... 50
一、物流在智能工厂中的重要地位 ... 51
二、产线仿真搭建及智能工厂规划的十大核心要素 ... 52

任务三 虚拟运行与数据分析 ... 65
一、生产排程 ... 65
二、虚拟运行演示及智能制造特性 ... 66

巩固与练习 ... 81

项目三　工业机器人技术 ……………………………………………………… 83

任务一　工业机器人认知 ………………………………………………… 83
  一、工业机器人概述 …………………………………………………… 84
  二、ABB工业机器人 ………………………………………………… 88

任务二　积木搬运 ………………………………………………………… 89
  一、示教器手动操作 …………………………………………………… 90
  二、常用编程指令应用 ………………………………………………… 98
  三、积木搬运程序设计 ………………………………………………… 111

任务三　矩形轨迹的移动 ………………………………………………… 114
  一、坐标系的建立 ……………………………………………………… 114
  二、矩形轨迹的移动程序设计 ………………………………………… 118

巩固与练习 ………………………………………………………………… 120

项目四　增材制造技术 …………………………………………………… 121

任务一　3D打印世界探秘 ……………………………………………… 121
  一、减材制造简述 ……………………………………………………… 122
  二、增材制造技术概述 ………………………………………………… 122
  三、3D打印技术与3D打印机分类 …………………………………… 128
  四、3D打印优势 ……………………………………………………… 131
  五、3D打印应用领域 ………………………………………………… 133
  六、3D打印发展趋势 ………………………………………………… 134
  七、3D打印面临的挑战 ……………………………………………… 135

任务二　三维模型处理与打印实操 ……………………………………… 136
  一、Simplify 3D切片软件使用方法 ………………………………… 137
  二、3D打印原理 ……………………………………………………… 138
  三、3D打印操作步骤 ………………………………………………… 139

任务三　逆向工程技术（以小熊模型为例） …………………………… 141
  一、逆向工程定义 ……………………………………………………… 142
  二、逆向工程技术与流程 ……………………………………………… 142
  三、Geomagic Studio杰魔封装点云 ………………………………… 150

巩固与练习 ………………………………………………………………… 154

项目五　微型机床的创新加工 …………………………………………… 156

任务一　双节棍的加工 …………………………………………………… 156

一、仪表车床简介 157
　　二、双节棍加工实操 157
任务二　立方体的加工 161
　　一、仪表铣床简介 161
　　二、立方体加工实操 162
巩固与练习 164

项目六　大数据应用技术 **165**

任务一　认识大数据技术 165
　　一、背景介绍 166
　　二、大数据技术基本理论 166
任务二　Hadoop大数据平台的安装与应用 174
　　一、背景介绍 175
　　二、基于Windows的Hadoop大数据平台安装与配置 175
　　三、大数据平台Hadoop的应用 195
巩固与练习 203

项目七　大数据创意编程 **204**

任务一　编程初相识 204
　　一、名言导入 205
　　二、程序编写相关概念 205
　　三、相关软件介绍与安装 205
任务二　Turtle绘图 209
　　一、名言导入 210
　　二、Turtle库的介绍 210
　　三、Turtle绘图基础知识和语法 210
　　四、运行"机器猫"程序 213
任务三　学习程序、编写程序 216
　　一、名言导入 216
　　二、程序理解与绘制 217
巩固与练习 220

项目八　物联网技术 **222**

任务一　物联网世界探秘 222

一、物联网的概念 223
　　二、物联网的特征 223
　　三、物联网的起源与发展 224
　　四、物联网的战略意义 224
　　五、物联网的应用 225
　　六、华为物联网实验箱的架构 225
　　七、华为物联网实验箱的介绍与使用 226
　任务二　智能门禁系统的设计制作 232
　　一、原理图解析 233
　　二、实验仪器 233
　　三、硬件连接 234
　　四、代码的编写 234
　　五、编译及下载 237
　　六、微信实训平台效果 238
　任务三　智能窗帘系统的设计制作 240
　　一、原理图解析 241
　　二、实验仪器 241
　　三、硬件连接 242
　　四、代码的编写 243
　　五、编译及下载 246
　　六、微信实训平台效果 247
　巩固与练习 248

项目九　人工智能技术应用 250

　任务　认识人工智能技术 250
　　一、背景介绍 251
　　二、人工智能技术基本理论 251
　　三、人工智能技术的应用举例 252
　　四、国产模型之光——DeepSeek智能平台技术解析 257
　巩固与练习 259

参考文献 **260**

项目一 智能制造产线

智能制造是一种先进的制造模式，它通过将智能技术、网络技术、制造技术等应用于产品管理和服务的全过程，可以实现产品制造过程中的分析、推理和感知，满足产品动态要求。智能制造不仅改变了制造业的生产方式、人机关系，还重塑了商业模式。因此，智能制造不仅仅是技术的突破，更是新一代信息技术与制造业的深度融合、创新集成。

本项目旨在培养学生在智能制造领域的认知与学习能力，要求学生具备智能制造的宽广视野，并对当前主流智能制造生产线的软硬件系统有深入的了解和熟悉。学生通过本项目的学习，将掌握智能制造的核心技术内涵，为未来的学习和职业发展打下坚实的基础。

任务一 初识智能制造

素养园地

① 创新精神。强调创新是智能制造发展的核心动力，鼓励学生树立创新意识，勇于尝试新技术、新方法。结合中国制造业的发展目标，强调自主创新的重要性，激发学生的爱国情怀和责任感。

② 工匠精神。介绍工匠精神在智能制造中的体现，如精益求精、追求卓越等品质。结合国家对高素质技术技能人才的需求，强调工匠精神对于制造业发展的重要性，激励学生成为新时代的工匠。

③ 社会主义核心价值观。结合智能制造的发展，探讨如何在工作中践行社会主义核心价值观，如诚信、友善、公正等。分析智能制造对社会进步和人民生活改善的积极作用，激发学生的社会责任感和奉献精神。

④ 绿色发展理念。介绍智能制造在节能减排、资源循环利用等方面的优势，强调绿色发展理念的重要性。结合国家生态文明建设的要求，引导学生树立绿色发展理念，为可持续发展贡献力量。

⑤ 团队协作与社会责任。强调智能制造生产过程中团队协作的重要性，培养学生的团队合作精神和集体荣誉感。结合企业社会责任（CSR），引导学生认识到企业在智能制造发展中应承担的社会责任，培养他们的社会责任感。

任务目标

1. 知识目标

① 了解智能制造的基本概念。

② 熟悉智能制造的典型特征、关键技术及发展现状与趋势。

2. 能力目标

① 能够描述智能制造的相关概念。

② 能够跟踪国内外智能制造领域先进技术，具备较为宽广的国际视野，并能够吸收新的知识加以应用。

3. 素质目标

① 树立正确的职业观念。

② 增强创新意识和实践能力。

③ 提升团队协作精神。

④ 培养良好的职业道德和社会责任。

任务描述

本任务通过文字、图片、视频等形式展示智能制造相关概念及典型特征，为达到更好的学习效果，建议组织学生参观相关智能制造生产线。

任务实现

一、智能制造基本概念

所谓智能制造（intelligent manufacturing），就是面向产品全生命周期，实现泛在感知条件下的信息化制造。智能制造技术是在现代传感技术、网络技术、自动化技术、拟人化智能技术等先进技术的基础上，通过智能化的感知、人机交互、决策和执行技术，实现设计过程、制造过程和制造装备智能化，是信息技术、智能技术与装备制造技术的深度融合与集成，是信息化与工业化深度融合的大趋势。智能制造包括软件和硬件系统，软件以 MES（制造执行系统）为主，硬件以各类自动化生产加工设备为主，典型的智能制造框架结构图如图 1-1 所示。

智能制造系统（intelligent manufacturing system，IMS）是一种高度复杂且高度集成化的人机协作体系。该系统由先进的智能机器、自动化设备以及人机交互界面构成，旨在实现制造过程的智能化和自动化。在这个系统中，智能机器不仅具备执行复杂任务的能力，而且能够模拟人类专家的智能行为，包括但不限于数据分析、模式识别、决策制定等。通过计算机辅助工具，系统能够对制造过程中的各种数据进行实时监控、分析和优化，从而实现生产过程的自适应调整和智能控制。此外，系统还具备收集、整合和不断优化人类专家智能的能力，通过学习和进化，不断提升其性能和适应性，以应对不断变化的生产需求和环境条件。智能制造系统的核心在于其高度的灵活性和可扩展性，它能够适应不同规模和复杂度的生产需求，为制造业的可持续发展提供有力支持。

二、智能制造典型特征

智能制造是新一代信息技术与先进制造技术的深度融合，贯穿于产品全生命周期的各个环节，实现制造的数字化、网络化、智能化，并不断提升企业的产品质量、效益、服务水平，推动制造业创新、协调、绿色、开放、共享发展。

产品智能化：产品可追溯、可识别、可定位、可管理。

装备智能化：智能工厂，设备全面联网和通信。

生产智能化：个性化定制、极少量生产、服务型制造以及云制造。

图 1-1 典型的智能制造框架结构图

服务智能化：用户需求高效、准确、及时挖掘、识别和满足。

管理智能化：企业内无信息孤岛，企业间实时互联，企业、人、设备、产品实时互联，如图 1-2 所示。

三、"工业 4.0"与"制造强国"

从 20 世纪 80 年代日本提出"智能制造系统（IMS）"，到美国提出"信息物理系统（CPS）"，德国提出"工业 4.0"，再到中国提出"制造强国"，智能制造广泛影响着世界主要国家的工业转型战略。"制造强国"与德国"工业 4.0"都是在新一轮科技革命和产业变革背景下针对制造业发展提出的一个重要战略举措。

1. 工业 4.0

"工业 4.0"（见图 1-3）是德国政府提出的一个高科技战略计划。该项目由德国联邦教育局及研究部和联邦经济技术部联合资助。

"工业 4.0"项目主要分为三大主题：

一是"智能工厂"，重点研究智能化生产系统及过程，以及网络化分布式生产设施的实现。

二是"智能生产"，主要涉及整个企业的生产物流管理、人机互动以及 3D 技术在工业生产过程中的应用等。该计划将特别注重吸引中小企业参与，力图使中小企业成为新一代智能化生产技术的使用者和受益者，同时也成为先进工业生产技术的创造者和供应者。

三是"智能物流"，主要通过互联网、物联网、物流网，整合物流资源，充分发挥现有物流资源供应方的效率，而需求方则能够快速获得服务匹配，得到物流支持。

图 1-2　智能制造典型特征

图 1-3　德国"工业 4.0"

2. 制造强国

目前，中国已经初步迈入制造强国行列，基本实现工业化，制造业大国地位进一步巩固，制造业信息化水平大幅提升。掌握一批重点领域关键核心技术，优势领域竞争力进一步增强，产品质量有较大提高。制造业数字化、网络化、智能化取得显著进展。重点行业单位工业增加值能耗、物耗及污染物排放明显下降。中国计划通过"三步走"实现制造强国的战略目标（见图 1-4）：

图 1-4　制造强国"三步走"

第一步：到 2025 年，制造业整体素质大幅提升，创新能力显著增强，全员劳动生产率明显提高，两化（工业化和信息化）融合迈上新台阶。重点行业单位工业增加值能耗、物耗及污染物排放达到世界先进水平。形成一批具有较强国际竞争力的跨国公司和产业集群，在全球产业分工和价值链中的地位明显提升。

第二步：到 2035 年，我国制造业整体达到世界制造强国阵营中等水平。创新能力大幅提升，重点领域发展取得重大突破，整体竞争力明显增强，优势行业形成全球创新引领能力，全面实现工业化。

第三步：到新中国成立一百年，制造业大国地位更加巩固，综合实力进入世界制造强国前列。制造业主要领域具有创新引领能力和明显竞争优势，建成全球领先的技术体系和产业体系。

任务二　智能制造产线认知

素养园地

① 国家战略与民族复兴。结合中国制造业的发展目标，阐述智能工厂在实现制造业强国梦想中的关键角色。分析智能工厂如何推动产业升级，为实现中华民族伟大复兴的中国梦贡献力量。

② 科技创新与民族精神。强调科技创新是民族精神的重要体现，智能工厂是科技创新的前沿阵地。探讨如何通过智能工厂的建设，激发全民族的创新热情和奋斗精神。

③ 工匠精神与专业精神。强调工匠精神在智能工厂中的重要性，倡导精益求精、追求卓越的品质。结合专业精神的培养，鼓励学生在智能制造领域精耕细作，成为行业的领军人才。

④ 安全生产与责任担当。分析智能工厂对安全生产的高要求，强调保障生产安全的重要性。探讨企业和员工在智能工厂运营中的责任担当，培养学生的安全意识和责任感。

⑤ 绿色发展与可持续发展。阐述智能工厂在节能减排、资源循环利用方面的优势，强调绿色发展的重要性。结合可持续发展目标，探讨智能工厂如何促进经济、社会和环境的协调发展。

任务目标

1. 知识目标
① 熟悉智能制造产线的典型硬件系统。
② 熟悉智能制造产线的典型软件架构。

2. 能力目标
① 能够掌握典型智能制造产线及其控制系统的基本组成。
② 能够熟悉智能制造产线的运行与维护方法。

3. 素质目标
① 强化工匠精神。
② 增强安全生产意识。
③ 培养团队协作精神。
④ 培养社会责任意识。

任务描述

本任务通组织学生参观智能制造实训中心，让学生了解智能制造生产线。能够让学生在掌握典型智能制造产线及其控制系统组成的基础上，熟悉智能制造产线的运维操作方法。

任务实现

智能工厂是构成工业 4.0 的核心元素。在智能工厂内不仅要求单体设备是智能的，而且要求工厂内的所有设施、设备与资源（机器、物流、原材料、产品等）实现互联互通，以满足智能生产和智能物流的要求。通过互联网等通信网络，使工厂内外的万物互联，形成全新的业务模式。

本任务实施载体为江苏财经职业技术学院智能制造实训中心智能制造产线设备。通过老师的讲解和学生观摩,掌握智能制造生产线软硬件系统组成。

本智能制造实训中心是围绕智能设备和技术应用进行设计与开发的。结合企业的实际生产案例,使用SCADA(数据采集与监视控制系统)数据采集技术,以零件RFID(射频识别技术)编码为信息流载体,从零件出库到最终入库传递各工作站任务。集成工业机器人、车铣复合、加工中心、三坐标测量、智能立体库、RFID设备、AGV(自动导航装置)小车、传送带等智能设备。采用先进的MES(制造执行系统)软件,从智能制造产线的搭建、仿真到加工,充分体现数字双胞胎的概念,实现多种排程方式和混流生产模式。

一、智能制造产线硬件系统

智能制造产线分为智能装配区、智能制造国赛实训区、产教融合生产区、智能立体仓库区、模具零件加工区五个模块,如图1-5所示。智能制造产线整体分布如图1-6所示。

图1-5 智能制造产线区域划分

图1-6 智能制造产线整体分布

采用离散型、模块化、加工岛的形式,设备分布式布局,集中式管理控制,产线通过MES系统控制整体运行,也可以通过每个工作站的从控系统单独控制每个加工单元。硬件设备涵盖智能制造主流设备,主要包括立体仓库、数控加工中心、车铣复合中心、工业机器人、电火花机、RFID、视觉系统、激光雕刻系统、传送带、AGV等。

1. 工作区 1——智能装配区

组成：装配工作台＋工业机器人（含夹具）＋鲁班锁装配工装＋摇摆气缸装配工装＋视觉系统＋激光雕刻＋从站控制系统＋终端计算机，如图 1-7 所示。图 1-8 和图 1-9 为鲁班锁和摇摆气缸。

图 1-7 智能装配区

图 1-8 鲁班锁　　　　　　　　　　图 1-9 摇摆气缸

2. 工作区 2——智能制造国赛实训区

组成：数控车床（含夹具）＋加工中心（含夹具）＋工业机器人（含夹爪）＋夹爪库＋第七轴地轨＋在线测量＋三坐标测量仪＋计算机＋从控系统，如图 1-10 所示。

3. 工作区 3——产教融合生产区

组成：车铣复合中心（含夹具）＋五轴加工中心（含夹具）＋第七轴地轨＋工业机器人（含夹爪）＋夹爪库＋从控系统，如图 1-11 所示。加工的产品为主轴箱和与之配合的主轴，如图 1-12 所示。

4. 工作区 4——智能立体仓库区

组成：触摸屏＋立体货架＋三轴机械手＋AGV 小车＋从控系统，功能分区有毛坯零件库、半成品库、成品库、从控系统，如图 1-13 所示。

图 1-10 智能制造国赛实训区

图 1-11 产教融合生产区

图 1-12 主轴箱和与之配合的主轴

图 1-13 智能立体仓库区

5. 工作区 5——模具零件加工区

组成：工业机器人（含夹爪）+加工中心（含夹具）+精雕机（含工装）+数控电火花机+第七轴地轨+机器人夹爪库+从控系统，如图 1-14 所示。

6. 工作区 6——模具电火化生产区

组成：工业机器人（含夹爪）+数控电火花机+第七轴地轨+夹爪库+从控系统，如图 1-15 所示。

图 1-14 模具零件加工区

图 1-15 模具电火花生产区

7. 自动传输系统

组成：传送带 + 中转站（含 RFID）+ AGV 小车 + AGV 接驳台，如图 1-16 所示。

二、智能制造产线软件架构

1. MES（制造执行系统）

整个系统由 SMES（智能制造产线管理系统）控制。SMES 对接上层 ERP 数据，依据 ERP 数据、其他 MES 数据以及自定义的数据生成数据库，对生产进行智能调度、排布，通过 OPC/UA 协议下发给主控系统，主控 PLC 系统再下发指令给从站 PLC，从站 PLC 驱动底层设备加工与运行。同时，将设备上的信息采集至 SMES 系统，系统根据设备信息进行生产优化。

SMES 系统采用 OPC 协议从 DATA PLC 交互数据，接口方式为 OPC 接口。系统通过 OPC 协议从 PLC 读写设备运行关键状态和数据，控制结构图如图 1-17 所示。

图 1-16 自动传输系统

视 频

智能制造总控室

图 1-17 控制结构图

SMES 功能简介见表 1-1。

表 1-1 SMES 功能简介

序号	名称	功能描述
1	基础信息管理	基础信息管理包含托盘信息管理、物料基础信息管理、产品 BOM 管理、供应商信息管理、客户信息管理等部分
2	仓库配置管理	显示当前产线上的所有仓库库位和仓库信息
3	设备信息管理	显示当前产线上的所有加工设备,以及各个设备的加工程序、加工脚本、加工成本和加工时间
4	工艺配置管理	定义生产产品的制作工艺、工序和工步
5	生产订单管理	用户可根据需要修改生产订单的内容实现定制化生产
6	生产排程管理	分为订单排程信息和排程策略配置管理两部分:订单排程根据生产订单使用默认算法指定,包括优先级、先进先出、最短作业、批量优先、交期优先;排程策略根据设备权重及默认算法指定,包括优先级、先进先出、最短作业、批量优先、交期优先和权重
7	生产监控管理	用于模拟运行和实际运行产线的启动,并显示实时运行甘特图
8	运行结果分析	显示当前系统的产品总数量、生产总时长、加工总成本、产品合格、机器人的运行数据、PLC 通信、运行效率以及加工成本占比
9	资源管理	用于显示机器人实时数据展示、铣床刀补数据显示、车床刀补数据展示
10	系统管理	角色管理中,角色和功能菜单可做对应关系,用户则可关联角色,形成一个权限系统。另外,人员可建立人员基础档案信息。用户管理可以实现增加、删除、修改用户
11	能源管理	根据每台设备的空载功率和额定功率模拟生产任务的电耗数据,显示生产任务执行过程单个设备的电耗量,整线的电耗量,并进行单次任务电耗量、单位产品电耗分析
12	演示管理	CNC 和机器人的动态运行数据的显示

2. PLM(product lifecycle management,产品生命周期管理)

PLM 是管理产品全生命周期状态信息和过程信息的技术。PLM 以数据库的数据管理能力和网络通信能力为基础,利用本身的数据控制能力,实现产品功能需求、概念设计、方案分析、结构设计、分析计算、工艺规划、制造、检验、装配、销售、售后服务等整个产品生命周期的信息管理、工作流控制和项目进展协调控制。

PLM 产品全生命周期目的是保证产品数据在整个产品生命周期内的完整性、一致性、及时更新性和安全性,并力争实现有效的数据共享、人员工作协同、过程优化、缓解企业信息难以集成共享的难题等。

智能制造一方面强调生产过程的智能化,每一个制造环节都具备自动化或智能化的特征,可以被监控,能够大大防止不良的产品从上一道工序流到下一道工序,同时以智慧生产的模式高效率、高质量地生产产品。智能制造的另一方面是强调研发生产出智能化的产品。因此,在智能制造时代,PLM 需要支撑的产品研发和制造过程将发生极大的改变,并给 PLM 技术本身带来新的变革。

生产过程的智能化,有赖于智能工厂和智能产品。其中,智能产品就是依靠 PLM 开发出来的:一部分由研发人员设计,另外一部分由用户自行设计。

在工业 4.0 的工厂中,智能产品的虚拟部分,首先是由 PLM 设计出来的,然后再经过 ERP 将其与生产计划和具体部件挂钩,以便在智能工厂中由新一代的 MES 智能化生产出来。

三、智能工厂案例——小米汽车工厂

相关数据显示，2022年我国智能制造行业市场规模约为4万亿元，预计到2027年，我国智能制造行业市场规模将达到6.6万亿元，其中智能制造装备市场规模约5.4万亿元，智能制造系统解决方案市场规模约1.2万亿元。

随着小米进入汽车产业，小米的供应链名单又多了新的名字。据某证券研报统计，除了宁德时代、汇川技术、均胜电子、比亚迪，超过60家A股上市公司透露了与小米汽车的供应关系，包括一汽富维、奥联电子、雅创电子、光庭信息等知名企业。

2017年至2022年，小米研发投入年复合增长率达到38.4%。小米2023年全年的总研发投入超过200亿元，小米此前设定5年（2022—2026年）研发投入将超过1 000亿元的投入目标。2023年3月，雷军在全国两会媒体连线时表示："科技企业要勇挑'链主'企业责任，着力强链补链、攻克关键核心技术，用科技赋能带动国产供应链高质量崛起，真正做到'一家兴，百家强'。"

"我们的智能制造体系目标是向整个制造行业不断输出、持续赋能。"雷军这样总结链主小米在供应链中的角色。目前，蓝思科技、龙旗科技等供应链合作企业已经启用由小米输出的整套产线设备和智能工厂系统。

2024年3月28日晚，一场2个多小时的小米SU7发布会，点燃了大家的情绪。从外表看，小米汽车工厂也是平平无奇。三年前的一片空地，如今已变成占地面积71.8万平方米的工厂，如图1-18所示。值得关注的是，小米汽车工厂的车身车间综合自动化率高达91%，有400多台机器人，配合400多个高精度的摄像头，可以实现黑灯生产。

（a）小米汽车生产线

（b）自动化装配机器人

图1-18　小米汽车工厂

在产线上，车身被悬吊送到工位后，8台机器人协同工作，伸出灵活的机械臂，对小米汽车车身进行点焊、自冲铆接、热熔自攻丝、涂胶等操作，助力小米拥有超高强度车身。

在智能制造和国产替代的双轮驱动下，一场由小米等新链主们驱动的供应革命已经悄然发生。满产后每76 s就有一辆小米SU7（见图1-19）下线，工厂的综合自动化率超过91%，关键工艺自动化率达到100%……这是小米汽车工厂呈现的"小米速度"。

图1-19　小米SU7

任务三　体验智能生产

素养园地

① 创新驱动与发展动力。结合智能生产技术的创新应用，阐述创新在推动制造业发展中的核心作用。分析智能生产如何成为新时代经济发展的重要动力，激发学生的创新潜能和创业热情。

② 高质量发展与工匠精神。强调高质量发展对智能生产的要求，倡导工匠精神在生产过程中的体现。探讨如何通过智能生产培养高素质技术技能人才，推动制造业向高端化、智能化转型。

③ 安全意识与法治精神。分析智能生产对安全生产的高标准和严要求，强调安全意识和法治精神的重要性。结合生产安全法律法规，教育学生在智能生产环境中遵守法律法规，保障生产安全。

④ 绿色发展与生态文明。阐述智能生产在实现绿色发展、构建生态文明方面的积极作用。分析如何通过智能生产技术减少环境污染，推动可持续发展，培养学生的环保意识。

⑤ 社会责任与企业担当。探讨企业在智能生产发展中的社会责任，包括对员工、消费者和环境的责任。分析如何通过智能生产实现企业的社会价值，培养学生的社会责任感和企业担当精神。

任务目标

1. 知识目标

① 熟悉典型工业产品的智能化生产流程。
② 掌握鲁班锁、摇摆气缸的智能化装配流程。
③ 熟悉金属书签的个性化定制流程。

④ 熟悉模具类产品的智能化生产流程。
2. 能力目标
① 能够掌握智能制造生产线的典型生产流程。
② 能够掌握装配机器人的编程原理，实现鲁班锁和摇摆气缸等典型组装件的智能化装配。
③ 能够熟练掌握激光雕刻、电火花等智能加工设备的运行原理和操作方法。
3. 素质目标
① 增强学生的实践能力和创新意识。
② 培养学生的团队协作精神和沟通能力。
③ 强化学生的操作安全意识和环保意识。
④ 增强学生的社会责任意识和职业道德。
⑤ 培养学生的国际视野和跨文化交流能力。

任务描述

在智能制造生产线中，通过主轴和主轴箱两个真实产品的加工案例，让学生熟悉智能制造生产过程；通过机器人装配鲁班锁和摇摆气缸，让学生体验智能装配流程；通过文字和图案的激光雕刻，让学生掌握个性化定制方法；通过模具零件的智能加工，让学生熟悉电火花加工设备等。

任务实现

由教师组织学生到智能制造实训中心参观，教师讲解智能制造生产线的软硬件系统组成与运行方法。本任务实施载体为智能制造实训中心智能生产线设备。

一、主轴箱智能生产

智能制造系统在制造过程中能以一种高度柔性与集成度高的方式，借助计算机模拟人类专家的智能活动进行分析、推理、判断、构思和决策等，从而取代或者延伸制造环境中人的部分脑力劳动。同时，收集、存储、完善、共享、集成和发展人类专家的智能。

特征：自组织能力；自律能力；自学习和自维护能力；整个制造环境中智能集成。

智能制造系统中，智能元素第一个是智能的生产，在生产部分用智能化手段替代人，效率更高，比如黑灯生产、无人工厂；第二个是智能的产品，在产品里面加入数据采集、传输、分析模块，可以为更多新的应用提供基础支撑。这样就对应工业智能在智能制造当中两个主要应用阶段：一个是生产制造环节，另一个是售后服务环节。

下面以一些典型零件来描述智能生产，并把图纸设计到制造流程合理衔接，让读者体验智能生产的过程。

1. 零件图纸设计

工业上机械零件的设计软件分为两大类型，即二维设计软件和三维设计软件，常用的二维设计软件有 AutoCAD、CAXA 等用于平面图形的设计，常用的三维设计软件有 SolidWorks、UG、Creo（Pro/E）、CATIA、Inventor 等用于结构和外形的设计。图 1-20 所示为智能制造产线上生产的主轴箱，主轴箱三维图是由 Inventor 软件设计的，主轴箱工程图是由 AutoCAD 软件设计的。

2. 零件的加工工艺设计

一个零件设计好之后，在生产加工之前需要进行工艺设计，一般工艺设计主要包含设备选择、材料选择、刀具选择、工装夹具的设计、机床切削参数确定以及测量方法的选择等等，然后再应用 CAM 软件编制零件加工程序,最后再进行生产加工。目前市场上数控编程软件有 UG、CATIA、EdgeCAM、MasterCAM、Cimtron、HyperMill、PowerMill 等。

图 1-20　主轴箱三维图

① "主轴箱"是由智能制造产线中五轴加工中心进行生产的,其加工工艺流程卡见表 1-2。

表 1-2　主轴箱加工工艺流程卡

上海英应机器人科技有限公司		主轴箱加工工艺流程卡		
零件图号	ZJ950600	文件编号		
零件名称	主轴箱	共1页	第1页	
车间	工序号	工序名称	材料牌号	
智能车间	003	铣削加工	铸铝	
毛坯种类	毛坯尺寸	毛坯件数	每台件数	
B	228×74×100	1	1	
设备名称	设备型号	设备编号	同时加工件数	
五轴加工中心	MVC850	M005	1	
夹具编号	夹爪编号	夹具名称	切削液	
JM03		气动平口钳	乳化液	
程序编号	O0008			

工步号	工步内容	工艺装备	主轴转速/(r/min)	切削速度/(m/min)	进给量/(mm/min)	吃刀量/mm	工时/min	
							准结	单件
1	铣削开粗	D16R0.8 铣刀（2 号刀具）	2 000		1 000	0.35		
2	铣削加工	D4 立铣刀（3 号刀具）	3 000		500	0.25		
3	铣削攻丝	M6 丝锥（12 号刀具）	3 500		350	0.1		
4	铣削精加工	D10 立铣刀（6 号刀具）	2 000		500	0.2		

② 主轴箱加工程序。其加工程序是由 CAM 软件 UG 编制的。

M90	机床正在加工中的信号
M10	机床第四轴锁定打开
M20	机床第五轴锁定打开
M94	关门
G40 G17 G49 G80 G90	（程序抬头主要是让机床恢复初始状态）
G0 G90 G99 G54 A-90. C0. F3000	A 轴 C 轴旋转定位
M01	
N1 T02 M06	换 2 号刀具
(NAME :D16R0.8)	
(D：16.00)	
(R：0.80)	
G91 G28 Z0.0	
G01 G90 G54P5 X0.0 Y0.0 F8000.	
G00 X159.004 Y-23.722 S2000 M03	
G43 Z115. H02	2 号刀具长度补偿
…	
…	
I0.0 J2.	
X-174.005 Y-27.938 R2.	
X-173.284 Y-26.722 R1.	
G01 X-173.531 Y-25.753	
G40 X-173.655 Y-25.268	
Z-26.	
G00 Z115.	
M09	关切削液
M05	关主轴
G91 G28 Z0.0	Z 轴返回参考点
G28 Y0.0	
G1 G90 G54 A0. F3000	参考机械坐标 A 轴回零
G1 G90 G54 X410. C90. F3000	参考机械坐标 C 轴 X 轴回到上料位置
M91	发送结束信号
M93	开门
M30	结束程序并回到程序开始位置
(TIME :17.55)	

3　智能制造生产工艺设计

智能制造产线上生产加工的零件，除了需要编制它在加工机床上的加工工艺，还要编制它在整个智能制造产线上的智能制造生产工艺。工艺内容包含坯料的取放地点、物流路线、自动上下料机器人程序以及机器人选用什么夹爪去抓取零件等。

① "主轴箱"零件在智能制造产线中的工艺流程,见表1-3。

表1-3 "主轴箱"零件在智能制造产线中的工艺流程卡

上海英应机器人科技有限公司				智能制造加工工艺流程卡	
				部件名称	部件编号
				主轴箱	ZJ9506.02
				零件名称	零件图号
				主轴箱体	ZJ9506.02-01
				加工数量	材质
				1	铝6061
				RFID编号	坯料编号
				A21	ZJ9506.02-01A
	工序名称	设备编号	工步	参数	工装夹具号	程序号
工序一	五轴加工中心加工	M005	GET	ASRS	JR12	GM005ZJ
	工序完成零件编号	托盘编号	DO	M005	JMS1	00051
	ZJ9506.02-01B	A21	PUT	C001	JR12	PM005ZJ
	工序名称	设备编号	工步	参数	工装夹具号	程序号
工序二	三坐标检测	C001	GET			GC001ZJ
	工序完成零件编号	托盘编号	DO	M001	JC51	CP051
	ZJ9506.02-01C	A21	PUT	ASRS	JR10	PC001ZJ
	工序名称	设备编号	工步	参数	工装夹具号	程序号
工序三			GET			
	工序完成零件编号	托盘编号	DO			
			PUT			
	工序名称	设备编号	工步	参数	工装夹具号	程序号
工序四			GET			
	工序完成零件编号	托盘编号	DO			
			PUT			

② 机器人上下料程序,样例程序解析:

Put_CNC   程序名称
CALL On_cnc_Clamp()   调用"开五轴加工中心夹具"程序
CALL On_cnc_door()   调用"开五轴加工中心门"程序

PTP(X1)	放料安全点 1
PTP(X2, , ovl)	放料安全点 2，圆滑过渡
PTP(X3, , ovl)	放料安全点 3，圆滑过渡
WaitIsFinished()	等待上述指令执行完成
kong := X_zhuzhouxiang	X_zhuzhouxiang 数据赋值到 kong
WaitIsFinished()	等待上述指令执行完成
kong.z := kong.z + 150	kong.z 方向 +150 赋值到 kong.z
WaitIsFinished()	等待上述指令执行完成
Lin(kong, , ovl)	kong.z 方向 +150 点位，圆滑过渡
WaitIsFinished()	等待上述指令执行完成
kong.z := kong.z −120	kong.z 方向 −120 赋值到 kong.z
WaitIsFinished()	等待上述指令执行完成
Lin(kong, , ovl)	kong.z 方向 −120 点位，圆滑过渡
WaitIsFinished()	等待上述指令执行完成
kong.z := kong.z −30	kong.z 方向 −30 赋值到 kong.z
WaitIsFinished()	等待上述指令执行完成
Lin(kong, dyn)	kong.z 方向 −30 点位，放慢速度
WaitIsFinished()	等待上述指令执行完成
WaitTime(1000)	等待 1 s
CALL On_Clamp()	调用"开机器人夹具"程序
WaitTime(1000)	等待 1 s
WaitIsFinished()	等待上述指令执行完成
kong.y := kong.y −30	kong.y 方向 −30 赋值到 kong.y
WaitIsFinished()	等待上述指令执行完成
Lin(kong, dyn)	kong.y 方向 −30 点位，放慢速度
kong.y := kong.y −120	kong.y 方向 −120 赋值到 kong.y
WaitIsFinished()	等待上述指令执行完成
Lin(kong, , ovl)	kong.y 方向 −120 点位，圆滑过渡
WaitIsFinished()	等待上述指令执行完成
PTP(X3, , ovl)	放料安全点 3，圆滑过渡
PTP(X2, , ovl)	放料安全点 2，圆滑过渡
PTP(X1)	放料安全点 1
CALL Off_cnc_door()	调用"关五轴加工中心门"程序
CALL Off_cnc_Clamp()	调用"关五轴加工中心夹具"程序

4. 智能制造生产流程

① 智能制造产线中工业生产设备主要由智能立体仓库、AGV 小车、AGV 接驳站、传送带、RFID、缓存区、带地轨的工业机器人、五轴加工中心和车铣复合中心等组成，如图 1-21 所示。

② 主轴和主轴箱的生产流程，如图 1-22 所示。

图 1-21 智能制造产线设备分布图

图 1-22 主轴箱的智能加工与检测流程

二、鲁班锁智能装配

鲁班锁起源于中国古代建筑的榫卯结构。这种三维的拼插器具内部的凹凸部分（即榫卯结构）啮合，十分巧妙。原创为木质结构，外观看似严丝合缝的十字立方体。鲁班锁又称孔明锁，相传是三国时期诸葛孔明发明的一种玩具，曾广泛流传于民间，逐渐得到人们的重视。它对放松身心、开发大脑、灵活手指均有好处，是老少皆宜的休闲玩具。孔明锁看上去简单，其实内中奥妙无穷，若不得要领，很难完成拼合。

为了体现智能生产的复杂性，现以鲁班锁装配为例，把鲁班锁从图纸到装配流程衔接起来，让读者体验鲁班锁智能装配的过程。

1. 鲁班锁装配夹具的设计

鲁班锁的三维模型和装配夹具设计如图 1-23、图 1-24 所示。

图 1-23 鲁班锁的三维模型

图 1-24 鲁班锁装配夹具设计

2. 鲁班锁的装配工艺设计（见表 1-4）

表 1-4　鲁班锁的装配工艺设计

鲁班锁装配	工序号	操作内容	工具和设备
（图示）	101	使用机器人夹爪将鲁班锁 1（L1）从缓存托盘的位置放置到装配夹具 M1 的位置	六轴机器人
	102	使用机器人夹爪将鲁班锁 2（L2）从缓存托盘的位置放置到装配夹具 M2 的位置	六轴机器人
	103	使用机器人夹爪将鲁班锁 3（L3）从缓存托盘的位置放置到装配夹具 Q3 的手指的位置，通过 Q3 气缸将 L3 推送到 M3 的位置，并退回气缸（推送时速度不能过快）	六轴机器人、双杆气缸
	104	使用机器人夹爪将鲁班锁 4（L4）从缓存托盘的位置放置到装配夹具 Q2 的手指的位置，通过 Q2 气缸将 L4 推送到 M4 的位置，且保持推出状态（推送时速度不能过快）	六轴机器人、双杆气缸
	105	使用机器人夹爪将鲁班锁 5（L5）从缓存托盘的位置放置到装配夹具 M5 的位置，且收回气缸 2（Q2）	六轴机器人
	106	使用机器人夹爪将鲁班锁 6（L6）从缓存托盘的位置放置到装配夹具 Q1 的手指的位置，通过 Q1 气缸将 L6 推送到 M6 的位置，并退回气缸（推送时速度不能过快）	六轴机器人、双杆气缸

项目	数量	零件编号	零件名称	分组号
1	1	LBS00100	鲁班锁 1	
2	1	LBS00200	鲁班锁 2	
3	1	LBS00300	鲁班锁 3	
4	1	LBS00400	鲁班锁 4	
5	1	LBS00500	鲁班锁 5	
6	1	LBS00600	鲁班锁 6	

3. 鲁班锁智能制造生产工艺流程卡（见表 1-5）

表 1-5　鲁班锁智能制造生产工艺流程卡

上海英应机器人科技有限公司		鲁班锁智能制造生产工艺流程卡	
		部件名称	部件编号
		鲁班锁夹具	LBS00000
		加工数量	材质
		1	
		RFID 编号	坯料编号

	工序名称	设备编号	工步	参数	工装夹具号	程序号
工序一	鲁班锁装配	A001	GET			
	设备名称	托盘编号	DO	S005	JR08	N18_G04_RA01_1
			DO	S005	JR08	N19_G04_RA01_2
			DO	S005	JR08	N20_G04_RA01_3
	装配台		DO	S005	JR08	N21_G04_RA01_4
			DO	S005	JR08	N22_G04_RA01_5
			DO	S005	JR08	N23_G04_RA01_6
			PUT		JR08	N35_P05_RA01
工序二	工序名称	设备编号	工步	参数	工装夹具号	程序号
	激光雕刻	M001	GET	T013	JR08	N35_P05_RA01
	设备名称	托盘编号	DO			
	激光雕刻机		DO			
工序三	工序名称	设备编号	工步	参数	工装夹具号	程序号
	质量检测	C001	GET	T013	JR08	N39_P05_RA01
	设备名称	托盘编号	DO			
	视觉相机		PUT			

4. 智能装配流程

完成鲁班锁智能装配的设备包括机器人、夹具、视觉系统和本地仓库等，如图 1-25 所示。

图 1-25 鲁班锁智能装配流程

三、摇摆气缸智能装配

随着智能制造理念不断被客户接受，工装夹具在工艺准备中的重要性日益凸显，是工艺优化不可或缺的一环。自动化以及智能制造的对象始终是要制造的工件。整个工艺流程设置的核心也是工件在不同设备的流转，其流转的安排仍然是以工艺安排作为核心。

现代工装夹具的发展方向：柔性、精密、标准、智能。传统的工装夹具适于人工上下料，不能满足机器人自动化的要求。简单的机器人上下料能够完成基本的工件预定位，但最后的精确定位还需夹具完成。因此，夹具本身具有的自动化程度、柔性、调整时间（加工辅助时间）的长短极大影响了整个制造环节的效能。

零点快换夹具、随行工装、工序集成、机床夹具与机械手的复合，已经在多工序、大批量制造的发动机领域得到大量应用。零点夹持系统为加工、搬运、清洗、压装、测量提供了标准的夹持接口。同时，在3C行业，工序集中的大批量制造中，得以充分验证其有效性。对于风电行业的大型齿轮、箱体工件的车、铣、磨削等，零点快换夹具结合随行工装也被大量采用。

下面以摇摆气缸模型为例，介绍其生产及装配的过程，让读者体验智能装配过程中多夹爪和工装的应用。

1. 摇摆气缸的装配夹具设计

图 1-26、图 1-27 分别为摇摆气缸的三维图和装配夹具设计。

图 1-26　摇摆气缸的三维图

图 1-27　摇摆气缸装配夹具设计

2. 摇摆气缸的装配工艺设计（见表1-6）

表1-6 摇摆气缸的装配工艺设计

摇摆气缸装配	工序号	操作内容	工具和设备
	201	六轴机器人通过快换装置进入夹爪库换取J6夹爪，将缓存托盘里的Y1零件抓取，放置到装配工装Y1的零件位置	六轴机器人、夹爪
	202	使用201工序中的夹爪抓取Y2零件，放置到装配工装内的Y2零件位置，完成后将夹爪放回夹爪库	六轴机器人、夹爪
	203	夹爪库内换取J2夹爪将Y3（飞轮2）放置到装配工装的指定位置，完成后将该夹爪放回夹爪库	六轴机器人、夹爪
	204	换取夹爪库内的J7气动螺丝刀，移动到托盘吸取Y8（M5×16螺钉），将该螺钉把Y3（飞轮2）固定	六轴机器人、气动螺丝刀
	205	换取夹爪库内的J3夹爪，夹取缓存托盘内的Y5（支撑板）零件，将其放置到工装内的指定位置，此时工装内的固定气缸突出，压住该零件，完成后放回该夹爪	六轴机器人、夹爪

项目	数量	零件编号	零件名称	分组号		
1	1	YBQG0100	活塞杆	Y1	206	夹爪库换取J1夹爪，将Y6（飞轮1）零件放置到工装的指定位置，完成后放回该夹爪
2	1	YBQG0200	缸体	Y2		
3	1	YBQG0300	飞轮2	Y3		
4	1	YBQGM525	M5×25螺钉	Y4	207	换取夹爪库内的J5夹爪，将缓存托盘内的Y7（过渡轴）放置到装配工装上的Y6的轴心位置，完成后将该夹爪放回夹爪库
5	1	YBQG0500	支撑板	Y5		
6	1	YBQG0600	飞轮1	Y6		
7	1	YBQG0700	过渡轴	Y7		
8	1	YBM51630	M5×16螺钉	Y8	208	换取J7气动螺丝刀吸取Y4（M5×25内六角螺钉）将刚放置的过渡轴锁紧
9	1		M5×30螺钉	Y9		
10	1	YBQG1000	底板	Y10		
11	2	YBQGM512	M5×12螺钉	Y11	共1页 第1页	

工具和设备（206）：六轴机器人、夹爪
工具和设备（207）：六轴机器人、夹爪
工具和设备（208）：六轴机器人、气动螺丝刀

3. 摇摆气缸智能制造生产工艺流程卡（见表1-7）

表1-7 摇摆气缸智能制造生产工艺流程卡

上海英应机器人科技有限公司				摇摆气缸智能制造生产工艺流程卡	
				部件名称	部件编号
				摇摆气缸夹具	YBQG01
	工序名称	设备编号	工步	参数	工装夹具号	程序号

	工序名称	设备编号	工步	参数	工装夹具号	程序号
工序一	摇摆气缸装配	A001	GET			
	设备名称	托盘编号	DO	S004	JR01	N24_G04_RA02_1
			DO	S004	JR01	N25_G04_RA02_2
			DO	S004	JR05	N26_G04_RA02_3
			DO	S004	JR07	N27_G04_RA02_4
			DO	S004	JR03	N28_G04_RA02_5
	装配台		DO	S004	JR02	N29_G04_RA02_6
			DO	S004	JR06	N30_G04_RA02_7
			DO	S004	JR07	N31_G04_RA02_8
			DO	S004	JR03	N32_G04_RA02_9
			DO	S004	JR07	N33_G04_RA02_10
			PUT		JR04	N36_P05_RA02
	工序名称	设备编号	工步	参数	工装夹具号	程序号
工序二	激光雕刻	M001	GET	T013	JR04	N36_P05_RA02
	设备名称	托盘编号	DO			
	激光雕刻机		DO			
	工序名称	设备编号	工步	参数	工装夹具号	程序号
工序三	质量检测	C001	GET	T013	JR04	N40_P05_RA02
	设备名称	托盘编号	DO			
	视觉相机		PUT			

4. 智能装配流程

完成摇摆气缸智能装配的设备包括机器人、夹具、视觉系统和本地仓库等，如图1-28所示。

视频 摇摆气缸装配

图1-28 摇摆气缸智能装配流程

四、书签个性化定制

智能制造是新一代信息技术与制造业的深度融合。随着大数据、云计算、物联网、3D打印等新兴技术的出现和交叉融合，制造业正在发生巨大的变化，可以说，现代制造业正在发展成为某种意义上的信息产业。制造业企业正在从传统的生产型制造向服务型制造转变，从卖产品、卖制造向卖服务转变，始终保持以客户为中心。

过去，企业强调规模，强调大而全的生产组织模式，什么事情都想自己做，现在，随着市场和客户的需求变化越来越快，越来越多样化，企业的分工越来越细，专业化程度越来越高，传统的组织模式已经跟不上节奏，如何转变制造模式已经成为智能制造时代企业面临的重要问题。

下面以书签的个性化定制任务为载体，让读者体验智能生产的柔性定制化生产。

1. 书签智能制造生产工艺设计

书签智能制造生产工艺流程卡见表1-8。

表1-8 书签智能制造生产工艺流程卡

上海英应机器人科技有限公司		书签智能制造生产工艺流程卡	
		部件名称	部件编号
		书签	DZXK00
		零件名称	零件图号
		加工数量	材质
		1	
		RFID 编号	坯料编号
		A11、A13	

工序	工序名称	设备编号	工步	参数	工装夹具号	程序号
工序一	书签	A001	GET	S001	JR09	N45_G02_RA03_1
	设备名称	托盘编号	DO	A001		
	装配台	A33	PUT	A001		
	工序名称	设备编号	工步	参数	工装夹具号	程序号
工序二	签字激光雕刻	M001	GET	A001	JR09	N46_P05_RA03
	设备名称	托盘编号	DO	M001		
	激光雕刻机		PUT			
	工序名称	设备编号	工步	参数	工装夹具号	程序号
工序三	书签装配	A001	GET	M001	JR09	N47_P01_RA03
	设备名称	托盘编号	DO	A001		
	装配台		PUT			

2. 智能制造生产流程

完成定制书签的智能生产的设备包括自动立体仓库、传送带、AGV小车、RFID读写器、铣床加工中心、激光雕刻机、装配夹具、视觉检测系统和移动终端等，如图1-29所示。

视频
书签出料

视频
书签输送

视频
书签设计

视频
书签打印

图1-29 书签智能制造生产流程

其中，激光雕刻部分采用秋野激光雕刻机完成，通过光学镜头聚集激光发生器发出的高能密度激光束（打印前需要通过手轮调整激光焦点至被雕刻零件表面），以灼蚀被雕刻零件表面，从而形成既定的文字或图案，其手动操作流程如图1-30所示，成品展示如图1-31所示。

图 1-30 激光雕刻机手动操作流程

图 1-31 文字、图案打印成品展示

五、冲压零件智能生产

模具，素有"工业之母"的称号，它是能生产出具有一定形状和尺寸要求的零件的一种生产工具，也就是通常人们说的模子，比如电视机、电话机的外壳，塑料桶等商品，是把塑料加热后注进模具冷却成型生产出来的。蒸饭锅也是由金属平板用模具压成一定的形状。很多商品都是用模具制造出来的。可以说没有模具就没有产品的生产。那么模具又是怎样做出来的呢？首先它由模具设计人员根据产品（零件）的使用要求，把模具结构设计出来，绘出图纸，再由技术工人按图纸要求通过各种机械（如车床、刨床、铣床、磨床、电火花、线切割）的加工做好模具上的每个零件，然后组装调试，直到能生产出合格的产品，所以模具工需要掌握很全面的知识和技能，模具做得好，产品质量好，模具结构合理，生产效率高。模具一般为单件，小批生产。

模具种类很多，根据加工对象和加工工艺可分为：

① 加工金属的模具。

② 加工非金属和粉末冶金的模具。包括塑料模（如双色模具、压塑模和挤塑模等）、橡胶模和粉末冶金模等。根据结构特点，模具又可分为平面冲裁模和具有空间的型腔模。

视 频

盒形件冲压加工演示

下面以典型零件的模具设计为例,把从零件的需求开始到模具生产出来合理衔接,让读者体验模具的智能生产。

1. 冲压模下模芯智能制造生产工艺设计

冲压模部分零件为外购件,其中下模芯、放电电极等在智能制造产线上生产,利用生产好的模具零件和成品零件在装配台上手动完成冲压模的装配。冲压模下模芯智能制造生产工艺流程卡见表1-9。

表1-9 冲压模下模芯智能制造生产工艺流程卡

上海英应机器人科技有限公司				冲压模下模芯智能制造生产工艺流程卡	
				部件名称	部件编号
				模芯B	MJ000200
				零件名称	零件图号
				模芯B	MJ000200
				加工数量	材质
				1	45#
				RFID编号	坯料编号
				A27	MJ000201
	工序名称	设备编号	工步	参数	工装夹具号	程序号

	工序名称	设备编号	工步	参数	工装夹具号	程序号
工序一	电火花放电加工	M008	GET	S003	JR17	GM008MJ_03
	工序完成零件编号	托盘编号	DO		JM08	O0017
	MJ000212		PUT	S003	JR17	PM008MJ_03
工序二	工序名称	设备编号	工步	参数	工装夹具号	程序号
	电火花放电加工	M008	GET	S003	JR17	GM008MJ_03
	工序完成零件编号	托盘编号	DO		JM08	O0018
	YYMJ0001C		PUT	S003	JR17	PM008MJ_03
工序三	工序名称	设备编号	工步	参数	工装夹具号	程序号
	电火花放电加工	M008	GET	S003	JR17	GM008MJ_03
	工序完成零件编号	托盘编号	DO		JM08	O0019
	YYMJ0001D		PUT	S003	JR17	PM008MJ_03
工序四	工序名称	设备编号	工步	参数	工装夹具号	程序号
	电火花放电加工	M008	GET	S003	JR17	GM008MJ_03
	工序完成零件编号	托盘编号	DO		JM08	O0020
	YYMJ0001E		PUT	S003	JR17	PM008MJ_03

2. 智能制造生产流程

① 图1-32为智能制造产线中模具生产设备的组成,由立体库、AGV小车、AGV接驳站、传送带、RFID、缓存区、带地轨的工业机器人、铣床加工中心、精雕机、电火花机、本地仓库和冲压床等组成。

图 1-32　智能制造生产线模具智能生产设备组成

② 模芯智能生产流程如图 1-33 所示。

图 1-33　模芯智能生产流程图

任务四　智能制造产品成本核算

🔒 素养园地

① 科学管理与经济效益。结合智能制造产品成本核算，阐述科学管理在提高经济效益中的重要性。分析如何通过精细化的成本控制，实现企业经济效益的最大化，培养学生的经济效益观念。

② 诚信经营与社会责任。强调企业在智能制造产品成本核算中应遵循的诚信原则，以及对社会责任的承担。探讨如何通过诚信经营和履行社会责任，提升企业的社会形象和品牌价值，培养学生的社会责任感。

③ 节约资源与可持续发展。分析智能制造在节约资源、降低能源消耗方面的优势，强调可持续发展的重要性。探讨如何通过智能制造实现资源的高效利用，推动绿色发展，培养学生的可持续发展观念。

④ 创新驱动与技术进步。结合智能制造产品成本核算，强调创新驱动在降低成本、提高生产效率中的作用。分析如何通过技术创新降低生产成本，提升产品竞争力，培养学生的创新意识和技术能力。

任务目标

1. 知识目标

① 认知产品在生产过程中涉及的制造成本构成。
② 认知智能制造产线生产模式下产品制造成本的构成。
③ 进行制造成本的初步核算。

2. 能力目标

能够对智能制造产线上生产的产品进行合理的成本核算。

3. 素质目标

① 结合成本核算的相关知识，培养"技术素养 + 管理能力"复合型素质。
② 培养严谨、诚信的职业品质和良好的职业道德。

任务描述

本任务是针对产品全部成本中的制造成本部分进行核算。

核算对象以主轴箱为例，并且假设在不同的生产方式下（即传统的人工操作模式和智能制造生产模式），将制造成本的变化加以对比。

任务实现

一、成本的构成与制造型企业通常的架构

1. 产品成本的构成

成本是商品经济的价值范畴，是商品价值的组成部分。人们要进行生产经营活动或达到一定的目的，就必须耗费一定的资源，其所耗费资源的货币表现及其对象化称为成本。

制造型企业的成本主要有两个概念，即制造成本和完全成本。

制造成本（production cost）又称生产成本，是指生产活动的成本，即企业为生产产品而发生的成本。生产成本是生产过程中各种资源利用情况的货币表示，是衡量企业技术和管理水平的重要指标。包括直接材料费用、直接人工费用以及制造费用三部分。

而完全成本则是制造成本加上各种费用，如销售费用、管理费用、财务费用等构成的全部成本。

2. 制造成本的构成

制造成本构成的三部分具体如下：

① 直接材料费用：指在生产过程中的劳动对象，通过加工使之成为半成品或成品，它们的使用价值随之变成了另一种使用价值。

② 直接人工费用：指生产过程中所耗费的人力资源，可用工资额和福利费等计算。

③ 制造费用：指生产过程中使用的厂房、机器、车辆及设备等设施及机物料和辅料，它们的耗用一部分是通过折旧方式计入成本，另一部分是通过维修、定额费用、机物料耗用和辅料耗用等方式计入成本。

本任务只针对制造成本核算的概念展开，不涉及具体财务科目处理的内容。

3. 制造型企业通常的架构

企业就是一个组织，组织必须有架构，即一种决策权的划分体系以及各部门的分工协作体系。组织架构需要根据企业总目标，把企业管理要素配置在一定方位上，确定其活动条件，规定其活动范围，形成相对稳定的、科学的管理体系。

项目一 智能制造产线

没有组织架构的企业将是一盘散沙。组织架构不合理会严重阻碍企业的正常运作，甚至导致企业经营的彻底失败。相反，适宜、高效的组织架构能够最大限度地释放企业的能量，使组织更好发挥协同效应，达到"1+1>2"的合理运营状态。

企业根据自身的特点，可以制定不同的架构。但万变不离其宗，只要能够让企业高效、有序，并能够持续改善的架构就是合适的。

图 1-34 所示为一个相对典型的制造型企业的架构。

图 1-34 制造型企业的架构图

由图 1-34 可以看到，财务部是直属总经理管理的，足以体现财务部门在企业的重要性。财务人员需要获得大量经营过程中的数据，所以很重要的工作之一是如何获得其他部门提供的数据。

以制造成本核算为例，直接材料费用、直接人工费用、制造费用均来自其他部分的数据（报表）。上述架构的企业，直接材料费用的数据将来自"供应部"，直接人工费用的数据将来自"人力资源部门"，制造费用的数据将来自"统计室"。这里所说的来自哪个部门只是笼统描述，因为这还会涉及具体的岗位分工、原始数据和加工后的数据等。

真实的企业运营时，数据量是非常庞大的，并且来源错综复杂，在此就不再展开了。但是要记住：财务人员是数据的加工者，不是数据的生产者，所以要学会科学地、有效地获取相关数据，这也是一门学问。这就要求能够制定规则，把规则转化为流程，并懂得交叉印证数据是否真实等。

二、主轴箱制造成本核算

作为财务会计人员，并非只是坐在办公室里算账，而是要了解工厂运行的几乎所有过程，这样才能更客观、真实地反映出经营成果。

1. 主轴箱的生产过程

第一步：通过智能制造产线的 SMES 下单，并形成生产订单下达给智能制造产线系统。

第二步：智能制造产线系统接收到 SMES 的生产指令以后，会自动生成可执行的具体操作指令（指令的依据是下列工艺流程卡），然后下达到设备。

第三步：各台相关设备，接收到系统指令，进行对应操作。具体的操作内容即下面的工艺流程卡。

该工艺流程卡包括以下几个工序（总计 28 min）：
① 立体仓库毛坯料出库。
② AGV 送至 650 三轴加工中心接货平台。
③ 工业机器人上下料。
④ 650 三轴加工中心主轴箱端面、螺孔加工。
⑤ AGV 送至精雕机接货平台。
⑥ 工业机器人上下料。
⑦ 精雕机主轴箱背端面加工。
⑧ AGV 送至五轴加工中心接货平台。
⑨ 工业机器人上下料。
根据上述工艺流程进行成本核算。

第四步：完成上述工序后，通过物流设备将完工产品送入成品仓库。由此完成了整个生产过程。

为了能够全面地举例计算主轴箱的制造成本，下面将假设一些条件。这些条件再分为传统人工生产以及智能制造产线的生产方式。目的是对比两种模式在成本上出现的差异，并就此进行对比分析，以期更清晰地理解各自优劣。

假设有两个车间，生产同样产品，即主轴箱。而且订单量无限，即所有产能都可以销售出去。其中，一个车间采用传统人工生产，另一个车间采用智能制造产线生产。其中一些设定的条件见表 1-10。

表 1-10　主轴箱加工明细表

成本分类	项　　目	传统人工生产方式	智能制造产线生产方式
材料价格	主轴箱原材料价格	28 元/个	28 元/个
工人工资	车间主任	1 名，工资 10 000 元/月	1 名，工资 15 000 元/月
	设备维护维修人员	1 名，工资 5 000 元/月	1 名，工资 8 000 元/月
	编程预生产人员	0	1 名，工资 8 000 元/月
	生产操作工	1 名，工资 8 000 元/月	0
工时定额	主轴箱加工（假定相同）	28 min	28 min
	设备功率（假定传统是智能的 2/3）	6 kW	9 kW
制造费用	设备总投资额	10 万元	25 万元
	能源损耗	1.2 元/(kW·h)	1.2 元/(kW·h)
	按 5 年设备折旧费	1 500 元/月	3 750 元/月
	刀具物料耗用	1 000 元/月	2 000 元/月
	其他制造费用（包装运输）	1 500 元/月	3 000 元/月

2. 主轴箱的成本核算

（1）直接材料费用数据的获取

通常情况下，企业采用的是"产品材料消耗定额统计表"（见表 1-11）来完成的。这张表格将经过几个部门填制后才能完善。

表 1-11　产品材料消耗定额统计表

产品名称及规格：　　　　　　　预算期间：　　　　　　　　　　　　　　单位：元

材料名称	计量单位	理论消耗量	损耗率 /%	实际消耗量	材料单价	消耗定额	每件产品消耗定额

审批：　　　　　　　　　　　　　　　　　　　　制表人：

技术部门在产品研发的时候，会确定产品所需的材料名称、规格、计量单位、消耗量、损耗率等数据。

材料单价来自供应部。

其余数据由计划部门进行核算生成。

涉及的主轴箱的直接材料费用，应该是这样的：在假设中，已经给出了原材料的价格：每个 28 元，生产过程无损耗。所以，直接材料费用均是 28 元/个。

（2）直接人工费用数据的获取

通常情况下是按月度来结算人工费用的，即一个月发一次工资。在这一个月里面，一名工人可能做了各种不同的工作，或者生产不同的产品，所以仅仅是按月度工资来结算不同产品的直接人工费用，显然是不现实的。

所以，要找出不同产品的直接人工费用，就必须借助于一个重要的指标：时间。把完成一个产品或者一道工序，甚至一个工步的时间，称为"工时"。

那么，由于人员的素质差异及设备的性能差异，要完成相同任务的时间会不一样。于是就有了"工时定额"的概念。

"工时定额"是指在一定的技术状态和生产组织模式下，按照产品工序加工完成一个合格产品所需要的工作时间、准备时间、休息时间与生理时间的总和。它是重要的劳动生产率指标。

同时，根据工时定额可以安排生产计划，进行成本核算，确定设备数量和人员编制，规划生产面积。因此，工时定额是工艺规程中的重要组成部分。

一般情况下，企业采用"平均先进水平"确定"工时定额"。根据本企业的生产技术条件，使大多数工人经过努力都能达到，部分先进工人可以超出，少数工人经过努力可以达到或接近该平均先进水平。通常会在"工序卡片"上标明工件的工时定额（即工序工时），如图 1-35 所示。

图 1-35 工序卡片

一名工人,他的实际完成工时和"工时定额"的差异,就能体现出他的工作业绩,也就决定了他的个人收入。

这样,一个产品、一道工序,根据"工时定额"就可以转化为相应的直接人工成本。

以主轴箱为例,根据假设,这道工序人工操作需要 28 min。目前法定工作时间每天 8 h,我们去除一些个人原因耗费的时间,按照每天有效工作时间为 7 h。

$$7 \times 60 \div 28 = 15（个）$$

那么,这名工人每天可以完成 15 个。

假设一名工人来操作该工序,在目前双休日下,每个月实际平均工作日 21.75 d(这也是法定计算的时间),则每个月他能够完成:

$$15 \times 21.75 \approx 326（个）$$

若他的月收入为 8 000 元,则每个月的直接人工费用就是:

$$8\ 000 \div 326 \approx 24.54（元）$$

另外一个车间是智能制造产线。在生产过程中,由于是没有工人直接参与的,由机器人上下料、打标、包装。先算一下每个月的产能:

28 min 一个产品。由于机器人可以每天 24 h,每个月 30 d(或 28 d、31 d,此处以 30 d 为例)工作。

那么,一个月能生产出:

$$24 \times 60 \div 28 \times 30 \approx 1\ 542（个）$$

然后,由于没有直接工人参与生产,故此项的直接人工费用为零。

那么,在智能制造产线或者无人车间模式下,是没有直接人工费用的。那岂不很省钱?其实也未必,只是费用转移到制造费用里面去了。因为生产线的调试、试加工等均还是有工人参与的,只不过这些成本将以制造费用的形式结算,而非直接人工。

(3)制造费用的归集

制造费用指企业为生产产品和提供劳务而发生的各项间接费用,包括企业生产部门(如生产车间)发生的水电费、固定资产折旧、无形资产摊销、管理人员的职工薪酬、劳动保护费、国家规定的有关环保费用、季节性和修理期间的停工损失等。

制造费用明细表见表1-12。

表1-12 制造费用明细表

年　　月

项　　目	上年实际数	本年计划数	本月实际	本年累计	备　　注
工资费用					
职工福利费					
折旧费用					
修理费用					
办公费用					
水电费用					
物料消耗					
摊销费用					
运输费用					
保险费用					
设计制图费					
试验检验费					
租赁费用					
劳保用品费					
在产品盘亏					
其他费用					
制造费用合计					

下面介绍其中部分内容。

① 工资费用。这里涉及的工资是指车间二线人员(通常把直接操作设备的工人称为一线工人),比如车间主任、调度员、计划员、统计员等管理人员;施工员、车间工艺员等技术人员;设备维护、调试、试生产人员以及辅助人员,比如搬运工、清洁工等。

他们的工资无法跟某个产品或者工序直接挂钩,所以通常情况下,按照工资总额除以所有工序的工时定额总额,再分摊到各个产品中去。

回到这个案例,对比一下工资费用的数字。

传统人工生产方式,需要两个人,他们的工资总和是15 000元/月,分摊到产品上:

$$15\ 000 \div 326 \approx 46.01（元/个）$$

智能制造产线生产方式,需要二个人,工资总额是31 000元/月,分摊到产品上:

$$31\ 000 \div 1\ 542 \approx 20.1（元/个）$$

② 折旧费用。这里主要是指车间的设备折旧,办公设备的折旧不属于制造成本,而是属于管理费用范畴。设备的折旧,在中国会计准则下,是按"时间法"进行折旧的。哪怕是设备闲置,

折旧费用会依然产生。

与工资费用相同的原理,通常情况下,无法把某一台设备跟某一道工序直接关联起来核算。所以也是将全部设备折旧进行归集后,按工时定额分摊到各个产品或者工序中。

回到这个案例,对比一下折旧费用的数字。

传统人工生产方式,每月设备折旧费是 1 500 元,分摊到产品上:

$$1\ 500 \div 326 \approx 4.6\ (元/个)$$

智能制造产线生产方式,每月设备折旧费是 3 750 元,分摊到产品上:

$$3\ 750 \div 1\ 542 \approx 2.43\ (元/个)$$

智能制造产线由于采用了更具智能化的设备,以及智能控制系统,总的设备投资会比普通设备高很多。会导致每个月折旧费用也会高出很多,制造成本当然也就高了。不过其好处是省下了直接人工费用,可以 24 h 工作,质量更稳定。

如果在十年以前,劳动力成本还是偏低的情况下,采购配置高端智能设备带来的节省直接人工费,其实是不划算的。但是,最近几年的人力成本上升很快,同时设备的价格并未有大幅度上升,这就为"机器换人"带来了可行性。

这些都是需要找到平衡点,要计算好投入产出比。这里讲的不单单是事后的核算,而是通过事后的核算,总结出规律,对未来进行预测。这是财务人员非常重要的工作之一,即提供更优化的预测方案,供企业领导层决策。

③ 物料消耗。加工生产过程中会消耗辅料,比如工装夹具、刀具、助焊剂、冷却液等,这些也是制造成本的一部分。价格高、消耗快的辅料,可以单独直接核算到某个工序里面,但是通常情况下也是进行全部归集再分摊到产品或者工序中。

回到这个案例,对比一下物料消耗费用的数字。

传统人工生产方式,每月物料耗用费是 1 000 元,分摊到产品上:

$$1\ 000 \div 9\ 135 = 0.109\ (元/个)$$

智能制造产线生产方式,每月物料耗用费是 2000 元,分摊到产品上:

$$2\ 000 \div 43\ 200 = 0.046\ (元/个)$$

④ 其他费用。基本上按照归拢再分摊的方式进行操作。除非特殊产品或者工艺情况下进行单独列支。比如铝的冶炼,需要大量电力,是成本构成的主要部分,这就需要单独直接核算。

回到这个案例,对比一下刀具物料耗用的数字。

传统人工生产方式,每月刀具物料耗用费是 1 000 元,分摊到产品上:

$$1\ 000 \div 326 \approx 3.07\ (元/个)$$

智能制造产线生产方式,每月刀具物料耗用费是 2 000 元,分摊到产品上:

$$2\ 000 \div 1\ 542 \approx 1.30\ (元/个)$$

电费:智能制造设备较人工生产设备多,设备功率大。假定人工生产设备总功率是智能制造设备总功率的 2/3。

传统人工生产方式,设备的额定功率是 6 kW,生产单个主轴箱时间为 28 min,如果电费按照工业电费 1.2 元 /(kW·h),那么生产单个主轴箱的成本是:

$$28 \div 60 \times 1.2 \times 6 \approx 3.36\ (元/个)$$

智能制造产线生产方式,设备的额定功率是 9 kW,生产单个主轴箱的时间为 28 min,如果电费按照工业电费 1.2 元 /(kW·h),那么生产单个主轴箱的成本是:

$$28 \div 60 \times 1.2 \times 9 \approx 5.04\ (元/个)$$

对比一下其他制造费用的数据。

传统人工生产方式，每月其他制造费用是 1 500 元，分摊到产品上：
$$1\ 500 \div 326 \approx 4.6（元/个）$$
智能制造产线生产方式，每月其他制造费用是 3 000 元，分摊到产品上：
$$3\ 000 \div 1\ 542 \approx 1.95（元/个）$$

（4）汇总及总结

将上述的三部分费用相加，就能得出不同模式下，每个主轴箱的制造成本，见表1-13。

表1-13 不同生产方式的费用对比

成本分类	项目	传统人工生产方式	智能制造产线生产方式
直接材料	原材料价格	28元	28元
直接人工	耗费人工	24.54元	0元
制造费用	工资费用	46.01元	20.1元
	折旧费用	4.6元	2.43元
	刀具物料耗用费	3.07元	1.30元
	电费	3.36元	5.04元
	其他制造费用	4.6元	1.95元
制造成本小计		114.18元	58.82元
月度产量		326个	1 542个
预计销售价格		150元	150元
每月营业毛利		326×（150-114.18）=11 677.32（元）	1 542×(150−58.82)=140 599.56（元）

根据数据分析，两种生产方式的毛利润存在显著差异。假设采用智能制造产线生产方式的工厂设定产品售价为 60 元/个，则传统人工生产方式的工厂将面临亏损状态，且在激烈的市场竞争中可能面临被淘汰的风险。市场竞争犹如战场，企业的生存与发展与其是否拥有先进的生产设备及管理理念密不可分。

值得注意的是，实际工厂的成本计算远比上述简化模型更为复杂，涉及多维度的成本分析和财务评估。本节内容仅为引入智能产线相关概念，并简要介绍成本核算的基本框架，旨在为读者提供初步的理论参考，以促进对智能制造经济效益的深入理解和学习。

巩固与练习

一、填空题

1. 智能制造是将制造技术与_____、_____、网络技术的集成应用于设计、生产、管理和服务的全生命周期。

2. 工业4.0又称_____。

3. 智能化制造是_____、传感技术、控制技术、_____等的不断发展与在制造中的深入应用。

二、选择题

1. 计算机集成制造简称（　　）。

    A. CAD   B. CAM   C. CIMS   D. PLM

2. PLM 的全称是（   ）。

    A. 产品全生命周期   B. 计算机集成制造

    C. 计算机辅助制造   D. 数字化管理

3. 智能制造发展历程中，以下（   ）与智能制造相关。

    A. 柔性制造、敏捷制造   B. 数字化制造

    C. 计算机集成制造   D. 以上都是

三、查阅资料

1. 简述中国"制造强国"和德国"工业 4.0"、美国"工业互联网"的区别。
2. 人工智能在日常生活中的应用举例。
3. 智能制造由哪些知识支撑？
4. 简述智能制造产线的软件和硬件组成。
5. 简述智能制造对社会发展、大学生就业的影响，个人如何了解和掌握最新的知识？
6. 基于对上述成本及其他一些内容的学习，试分析：

① 除了成本以外，还有哪些因素可导致"机器换人"的推进？

② 我国需要从哪些软件和硬件方面全面推进智能制造？

项目二 虚拟仿真实训

虚拟仿真（virtual reality）技术，或称为模拟技术，就是用一个系统模仿另一个真实系统的技术。虚拟仿真实际上是一种可创建和体验虚拟世界（virtual world）的计算机系统。此种虚拟世界由计算机生成，可以是现实世界的再现，亦可以是构想中的世界，用户可借助视觉、听觉及触觉等多种传感通道与虚拟世界进行自然交互。

当今世界工业已经发生了巨大的变化，大规模人海战术早已不再适应工业的发展，先进科学技术的应用显现出巨大的威力，特别是虚拟现实技术的应用正对工业进行着一场前所未有的革命。虚拟现实已经被世界上一些大型企业广泛地应用到工业的各个环节，对企业提高开发效率，加强数据采集、分析、处理能力，减少决策失误，降低企业风险起到了重要的作用。工业仿真系统不是简单的场景漫游，是真正意义上用于指导生产的仿真系统。它结合用户业务层功能和数据库数据组建一套完全的仿真系统，可组建 B/S、C/S 两种架构的应用，可与企业 ERP、MIS 系统无缝对接，支持 SQL Server、Oracle、MySQL 等主流数据库，从而实现企业利用虚拟平台，实时管理工厂的目的。工业仿真所涵盖的范围很广，从简单的单台工作站上的机械装配模拟与多人在线协同演练系统，到利用虚拟环境管理与控制工厂生产与设备运行都属于其范畴。

任务一　MES 系统及数字孪生

素养园地

通过了解"中国航天之父""中国自动化控制之父"钱学森的事迹，引导学生弘扬其刻苦勤奋的学习精神、攻坚克难精神、创新精神以及报效祖国的爱国精神，激励学生自觉融入实现中华民族伟大复兴中国梦的进程中去，实现自己的人生价值。

任务目标

1. 知识目标

① 理解 MES 系统的功能结构和软件的组成。
② 熟悉数字孪生技术。

2. 能力目标

① 熟悉 MES 的体系结构。
② 能叙述 MES 的主要功能。
③ 了解 MES 的软件组成与部署方式，知道如何通过数字孪生来实现车间生产对象和生产过程的虚拟化。

3. 素质目标

了解先进制造理念，培养精益求精的品质、团队协作能力、操作规范性和良好的组织纪律性。

任务描述

本任务通过文字、图片、实物等形式展示了 SMES 软件。在机房实训室中，学生可以通过离线安装的数字孪生 SMES 软件体验智能车间的设备组态、生产流程管理、生产数据管理、仿真生产等。

任务实现

一、MES 系统和数字孪生技术概述

如今我们每个人都受益于互联网带来的便利——网上购物、社交、支付及娱乐等。可以说，中国互联网的应用普及率和服务先进性均处于世界前列，与我们的生活密不可分的互联网可通俗地称为"消费互联网"。但是，消费并非人类的所有活动，人类的另一半活动是生产，那么在生产侧（或者称为供给侧）是否也能利用互联网，让生产活动变得和消费活动一样便捷和高效呢？能！这就是"工业互联网"。

工业互联网通过构建连接机器、物料、人和信息系统的基础网络，实现工业数据的全面感知、动态传输、实时分析，形成科学决策与智能控制，提高制造资源配置效率。如果说消费互联网是通过信息共享将人与人联系在一起，那么工业互联网则是通过数据将生产要素连接在一起，这些要素主要是"人、机、料"等生产主体和对象，以及生产过程。那么，如何将生产要素融入工业互联网呢？首先需要将实体对象、生产活动和管理活动进行数字化，而实施制造执行系统（manufacturing execution system，MES）是最重要的数字化环节之一。

作为智能工厂的日常生产管理系统，MES 已经经过 30 多年的发展，理论、标准和应用方面已经相当成熟。随着智能制造和工业互联网的兴起，MES 被重新认识并被赋予了新的重要地位——工业管控软件的中心。工业管控软件在企业活动中的分布如图 2-1 所示。

图 2-1 工业管控软件在企业活动中的分布

数字孪生（digital twin）是指以数字化方式复制一个物理对象、流程、人、地方、系统和设备等，它将人工智能、机器学习、软件分析与空间网络图像集成以创建数字仿真模型。这些模型随着其物理对应物的变化而更新和变化。数字孪生技术在工业生产、智能制造等多个领域都有广泛的应用前景。

二、认识 MES 系统

1. MES 软件的功能结构

MES 在 1990 年由美国先进制造研究机构 AMR（Advanced Manufacturing Research）组织提出并使用，是将制造业管理系统（如 MRP Ⅱ、ERP、SCM 等）和控制系统（如 DCS、SCADA、PLC 等）集成在一起的中间层，是位于管理层与控制层之间的执行系统。根据标准化、功能组件化和模块化的原则，制造执行系统协会 MESA（Manufacturing Execution System Association）组织于 1997 年提出了著名的 MES 功能组件和集成模型。该模型主要包括 11 个功能模块：①生产资源分配与监控；②作业计划和排产；③工艺规格标准管理；④数据采集；⑤作业员工管理；⑥产品质量管理；⑦过程管理；⑧设备维护；⑨绩效分析；⑩生产单元调度；⑪ 产品跟踪。AMR 组织把遵照这 11 个功能模块的整体解决方案称为 MES（manufacturing execution solution）Ⅱ。

MES 是一个庞大的系统，在实施过程中难度大、成本高、成功率低、没有成熟的基本理论支持。主要表现在：没有统一的管控系统集成技术术语、信息对象模型、活动模型和信息流的基本使用方法，用户、设备供应商、系统集成商三者间的需求交流困难，不同的硬件、软件系统集成困难，集成后的维护困难。针对这些问题，还需要在 MESA 功能模型，即 MES Ⅱ的基础上，研究和开发相应的 MES 应用技术标准，用于描述和标准化这类软件系统。

1997 年，美国仪表学会（Instrument Society of America，ISA）启动编制 ISA-95 标准——企业控制系统集成，于 2000 年开始发布。该标准后来被采纳为国际标准（ISO/IEC 62264），在我国被采纳为 GB/T 20720 标准。ISO/IEC 62264 定义了公认的 MES 标准基本框架，国际上主流的 MES 产品基本上遵循 ISO/IEC 62264 标准。

在 ISO/IEC 62264 标准中，制造运行管理被描述成四大范畴：生产运行管理、库存运行管理、质量运行管理和维护运行管理。四大范畴之间及其与车间外部的交互全景，构成了整个工厂的制造运行管理模型。可以看出，制造运行管理以生产运行管理为主线展开，其他三个范畴以及车间外的管理模块（如订单处理、成本核算、研究开发等）都是为生产运行管理提供支持的。

针对生产运行管理的八大活动是：生产资源管理、产品定义管理、详细生产调度、生产分派、生产执行管理、生产数据采集、生产绩效分析和生产跟踪。

① 生产资源管理：提供关于制造系统资源的一切信息，包括人员、物料、设备和过程段；向业务管理系统（如 ERP）报告当前有哪些资源可用。

② 产品定义管理：从 ERP 获取产品定义信息及关于如何生产一个产品的信息。管理与新产品相关的活动，包括一系列定义好的产品段。

③ 详细生产调度：根据业务系统下达的生产订单，基于人员、设备、物料和当前生产任务的状况，完成排产（生产顺序）和排程（生产时间），回答用什么、做什么的问题。

④ 生产分派：将生产作业计划分解成作业任务后派发给人员或设备，启动产品生产过程，并控制工作量。

⑤ 生产执行管理：保证分派的作业任务得以完成。对于全自动化设备，由生产控制系统（PCS）执行；对于人工或半自动生产过程，需要通过扫码、视觉监测等方式确认任务完成。本活动还要

负责生产过程的可视化。

⑥ 生产数据采集：从 PCS 采集传感器读数、设备状态、事件等数据；通过键盘、触摸屏、扫码枪等方式采集人工输入、操作工动作等数据。

⑦ 生产绩效分析：用产品分析、生产分析、过程分析等手段对数据进行分析，确认生产过程完成并不断优化生产过程。

⑧ 生产跟踪：跟踪生产过程，包括物料移动、过程段的启停时间等，归纳如下信息：a. 人员、设备和物料；b. 成本和绩效分析结果；c. 产品谱系，向业务系统报告做了什么和生产了什么。

2. 数字孪生技术

数字孪生充分利用物理模型、传感器更新、运行历史等数据，集成多学科、多物理量、多尺度、多概率的仿真过程，在虚拟空间中完成映射，从而反映相对应的实体装备的全生命周期过程，如图 2-2 所示。

图 2-2　虚拟空间与现实空间的映射

数字孪生技术贯穿了产品生命周期中的不同阶段，它同 PLM 的理念是不谋而合的。可以说，数字孪生技术的发展将 PLM 的能力和理念，从设计阶段真正扩展到了全生命周期。

数字孪生以产品为主线，并在生命周期的不同阶段引入不同的要素，形成了不同阶段的表现形态，如图 2-3 所示。

图 2-3　数字孪生与产品全生命周期

3. 产品生命周期管理（PLM）

自从德国工业 4.0 和制造强国的概念被提出后，围绕着制造业的升级和改造，各种实践也层出不穷。

如何通过信息物理系统（CPS）形成一个智能网络，使得机器、工作部件、系统以及人类通过网络持续地保持数字信息的交流；如何构建一条数字化生产线、一个数字化车间、一座数字化工厂；如何在数字化工厂运行过程中采集数据，如何对海量的数据进行存储、分类、提取、分析和优化，为决策者做出决策提供有力的数据支持。

智能制造融合了大数据分析、机器人技术、虚拟仿真、工业物联网、网络安全、增材制造等核心技术。这里力图提炼出一条智能制造的通用实施路径，从产品生命周期的角度出发，整个智能制造的实施路径分为产品设计、数字化工厂规划、生产工程、生产执行和增值服务五大环节，如图 2-4 所示。

图 2-4　智能制造实施路径的五大环节

智能制造实施路径的五大环节：

第一步：产品设计。

智能制造在产品设计中的重要作用之一是重新定义了产品模型和数据交换标准，使智能化产品设计在价值链上的不同部门、不同用户之间能够进行完整、精确、及时的数据交换，通过一致性的产品模型，数据集成和提取更加安全。举例说明：A 工程师使用 Siemens 的 NX PLM 软件、B 工程师使用达索的 CATIA、C 工程师使用 Autodesk 的 Inventor，各自相互很难互换使用。但随着 ISO 10303 的诞生，使得 A、B、C 三位工程师之间都能看懂相互之间的设计。值得一提的是，ISO 10303-242 的基于模型的 3D 系统工程非常有价值，该标准广泛应用于航空航天、汽车等广泛行业中的制造商及其供应商。该标准主要内容包括产品数据管理（PDM）、设计准则、关联定义、2D 制图、3D 产品和制造信息等，如图 2-5 所示。参考国际通用的产品设计标准，能提高智能化产品设计过程中数据交换和使用的效率，形成一致性的产品模型，保障信息与数据的安全性。

第二步：数字化工厂规划。

当产品设计的雏形完成之后，智能制造要考虑的下一个步骤便是数字化工厂规划。所谓的数字化工厂规划就是生产者考虑如何搭建一个数字化工厂来生产第一阶段所定义的产品。参考国际标准 IEC 62832，可以按部就班地搭建数字化工厂。IEC 62832 标准中描述的生产系统生命周期中，数字化工厂的数据被不同的活动增加、删除、更新，所以建立数字化工厂的第一步就是要将工厂中所用到的每一个设备的属性根据 IEC 标准属性库进行数字化。第二步是要建立各个设备间的关联关系。关联关系分为组成关系和功能关系。例如 PLC 由支架、I/O 模块、CPU 等组成；伺服驱动器和伺服电动机匹配时，要检查额定电流和电压，伺服驱动器的额定电流要大于或等于伺服电动机的额定电流，伺服驱动器的输出电压要和伺服电动机的额定电压一致才可以，这是功能关系。第三步是将设备的地理位置信息添加到数字化工厂数据库，明确 IP 级别和是否为爆炸保护区。最后一步是建立产品全生命周期中工具与数据库之间的信息交换，如图 2-6 所示。数字化工厂数据库中的信息将在产品全生命周期中被各种工具所使用和交换。

图 2-5　基于模型的 3D 系统工程的广泛应用

在数字化工厂规划的过程中，将参考德国"工业 4.0"的标准，努力实现如下的转变和升级：
① 静态生产线 → 动态生产线（见图 2-7）；
② MES 功能局限 → MOM 涵盖价值链全流程；
③ 员工工种单一 → 更好的人机协作；
④ 无法满足个性化定制要求 → 满足定制化需求。

图 2-6　参考 IEC 62832 标准构建数字化工厂

图 2-7　智能制造产线将由线性静态发展为模块化的动态生产线

第三步：生产工程。

当数字化工厂的规划完成之后，智能制造将进入下一个实质性的阶段——生产工程。生产工程利用自动化系统和工程定义控制架构、信息下至上的传递方式，机器与机器、机器与上位机之间的通信方式，是将数字化工厂从规划到落地的一个关键阶段。传统的工业自动化技术与 IT 技术的融合形成了目前较为通用的五层企业垂直架构。在五层架构中，数据的请求或是事件驱动、循环发送，这都是响应上一级设备或软件系统的请求，下一级则总是充当服务者或响应者。例如 HMI 可向 PLC 请求发送其状态，或者向 PLC 下达一个新的生产配方。完成的过程是将传感器的电信号转换为数字形式,然后由 PLC 赋以时间戳,再把信息传送至 MES IT 层,以进一步提供相关服务。

随着智能制造和大数据时代的到来,新的以信息物理融合系统(CPS)为基准的自动化架构已初显雏形,如图 2-8 所示。在新型架构中,多层级的严格分隔和信息流的自上而下的方法将会软化和混合。在一个智能的网络中,每个设备或者每个服务都能自动启动与其他服务的通信。各种服务(例如生产调度)自动订阅所需的实时数据,传感器数据通过 OPC-UA 等安全可靠的通信协议直接发送到云中。这一新型自动化架构带来的重大改变是:除了对时间有严格要求的实时控制和对安全有严格要求的功能安全仍然保留在工厂层以外,所有的制造功能都将按产品、生产制造和经营管理这三个维度虚拟化,构成全链接和全集成的智能制造生态系统。

图 2-8　新的以信息物理融合系统为基准的自动化架构与传统的五层架构

第四步:生产执行。

当数字化工厂落地之后,智能化生产将有条不紊地生产第一阶段设计的产品。数字化工厂的落地并不意味着智能制造的结束,而是意味着智能制造从规划到落地,进入信息收集、处理、分析、决策的新阶段,称其为生产执行阶段。在信息化等级较高的企业或工厂中,往往制造执行系统(MES)得到广泛的应用。企业利用 MES 系统进行生产订单管理,通过生产数据采集和分析进行质量管理、设备管理、生产追溯与物料管理,并最终生成生产统计分析及报表管理。然而随着企业制造的复杂化程度提升,从传统的、单一品种的大批量到现在的多品种、小批量,以及生命周期变得越来越短,设计变得越来越复杂,于是就催生了对更多功能软件的需求,此时 MES 已经不能满足客户的多种需求。

在智能制造技术的支撑下,MES 系统慢慢向制造运营管理系统(manufacturing operation management,MOM)过渡。MOM 不仅包括 MES,也包括 EAM 企业资产管理、Lean 精益、QMS 质量管理系统、APS 高级排产系统、EH&S 环境卫生与安全等(见图 2-9),是一个集成的软件平台,向上连接 PLM 软件,向下连接工控及自动化系统,起到了连接 PLM 与自动化系统的桥梁作用。此外,MES 是车间级的或者是工厂级的,服务于企业管理的一个"孤岛",MOM 是延伸到上下游产业链、连用户、连外部资源商的集成的制造运营管理系统,是企业间的连接。

图 2-9　制造运营管理系统(MOM)的组成和作用

第五步：增值服务。

当数字化工厂中的各条智能流水线已经可以正常运行，是否可以高枕无忧地宣告智能制造的工作结束了呢？答案当然是否定的。数字化工厂中的每一台设备都有着一定的生命周期，一旦某个核心设备出现故障，将面临停线停产的风险。智能制造的另一大作用体现在其最后一个环节也是智能制造的最高境界——增值服务。增值服务利用大数据和云计算技术提供基于数据的增值服务，例如预防性维护，如图2-10所示。工业环境中会广泛用到工业机器人，工业机器人的常见故障有：伺服焊枪断裂、电缆断裂、接线松动、减速机故障等。为了避免这些故障发生，提前监控与预判，可添加智能传感器对振动、电流等关键参数进行监控。将监测的机器人设备的数据进行采集，通过现场总线和无线通信等技术将数据收集保存在IOT网关，然后上传到云端，通过大数据服务器和大数据分析软件，对监控机器人的状态进行预防性维护，如有超过设定警戒值或阈值的异常现象，可通过邮件、短信和可视化界面的形式告知，从而大大减少维修资源的使用和缩短停机时间，提高设备综合效率。

图 2-10　对生产设备进行预防性维护的系统架构

随着产品设计的标准统一、数字化工厂建设的步骤规范、设备/数据库的全面关联、新型自动化架构对于工厂各个层级的全面打通、MES向运营管理系统的全面升级以及数字化技术对于新型增值服务的助推，以往制造业相对孤立的各个环节被连接起来，信息"孤岛"被消除。

理解环环相扣的智能制造实施路径和五大环节，将更好地满足企业定制化生产的需求和提高运营效率，明确各个部门的主要职责和跨部门间的合作，为广大企业提升智能制造的核心竞争力提供一条具体的实施路径。

4. 虚拟仿真制造生产线

随着数字化技术的迅猛发展，虚拟仿真技术已经在各个领域被广泛应用，特别是在制造行业中极为重要的设计环节，已经被公认为是一种不可或缺的手段，如图2-11所示。

传统模式运行过程中，产品的开发和系统的试运行，都会耗费大量的人力、物力，直接导致产品成本增加，缩减企业竞争力。虚拟仿真技术的引入恰恰能弥补这些不足，这也正是其被迅速接受的重要原因之一，而且随着计算机技术的发展和普及，这项技术所应用的领域正在逐渐扩大。

一个完整的制造系统通常是离散的动态系统，这个系统中有些数据是可以在系统运行之前便可获得的，例如生产计划中的物料、人员、计划产量等；但有些数据存在极大的随机性，例如物料到达时间、设备故障率、设备维修时间等，这类数据能够准确反映系统实时状态，正是由于这类数据的存在，才导致了所有系统中共存的矛盾问题，即确定的生产任务和最终的实际完成产量间的矛盾。根据已知的生产数据，借助虚拟技术对生产线进行建模和仿真，在方

图 2-11 虚拟仿真制造生产线

法得当的前提下，可以降低系统的不确定性，从而为生产系统的分析和优化提供依据，使得设计方案更加科学、合理。

5. SMES 软件基本操作及模块认知

（1）观察 SMES 界面，单击"基础信息管理"（见图 2-12）

图 2-12 SMES 界面信息

在基础信息管理界面，可以看到五个小栏，如图 2-13 所示。

通过此指令，可以根据需要，设置所需加工毛坯或半成品的托盘，填写所需加工工件的物料信息，如安全库存、最小起订等，管理 SMES 系统的物料清单、供应商和客户信息。

（2）单击"仓库配置管理"（见图 2-14）

通过此指令，可以根据需要，设置所需加工毛坯或半成品的托盘所对应的仓库位置和暂停区，以及查询相应的信息。

图 2-13 基础信息管理

（3）单击"设备信息管理"（见图 2-15）

通过此指令，可以根据需要，查询智能制造产线中的每一个设备的信息，也可以根据需要设置每一个设备的程序，甚至是添加或删减智能制造产线中的部分设备。

图 2-14　仓库配置管理

图 2-15　设备信息管理

（4）单击"工艺配置管理"（见图 2-16）

通过此指令，可以根据明确的工件加工工艺信息，设置工件的工艺路线及工件在生产线上的流转流程。同样也可以查询到每个工件对应的工艺信息。

（5）单击"生产订单管理"（见图 2-17）

通过此指令，可以根据实际生产的需要，查询或设置完成订单每种产品所需的时间、优先级等参数，为之后产品的生产排程起到决定性作用。

图 2-16　工艺配置管理

图 2-17　生产订单管理

（6）单击"生产排程管理"（见图 2-18）。

图 2-18　生产排程管理

通过此指令，可以根据需要，对之前设置好的订单信息运用算法进行排程管理，得到智能制造生产的最优解。

（7）单击"生产监控管理"（见图 2-19）。

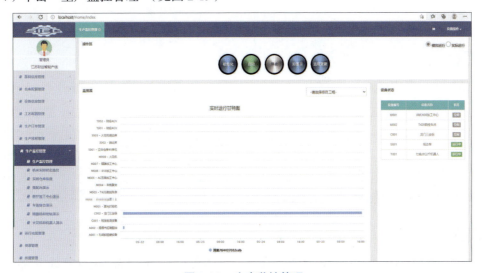

图 2-19　生产监控管理

通过此指令，可以根据需要，查询智能制造产线中生产的实时运行甘特图和实时仓库信息，也可以查看 3D 仿真加工产线的运行情况。

（8）单击"运行结果管理"（见图 2-20）

图 2-20　运行结果管理

通过此指令，可以获得运行结果的分析和报表，方便之后对系统进行调试和检查。

（9）单击"系统管理"（见图 2-21）

通过此指令，可以根据需要，添加使用者的角色管理，设置每一个用户的权限及 MES 系统的命令菜单栏排布。

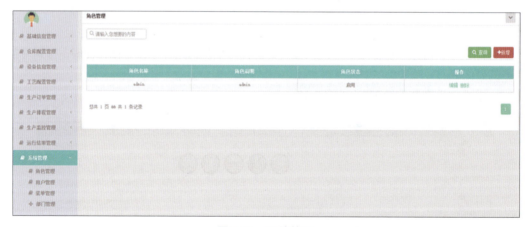

图 2-21　系统管理

任务二　智能制造产线虚拟仿真与搭建

素养园地

通过学习数控机床、检测设备、组装机器人、立体仓库、传输设备等各生产线组成部分功能特点，理解只有各组成部分各司其职，才能使整个系统具有良好的生产效率，进而引申出在社会大系统中，工作也要做到精益求精的工匠精神和团结协作精神等。

任务目标

1. 知识目标
① 认识智能制造产线的组成、布局。
② 学会虚拟仿真模块的操作。

2. 能力目标
理解智能制造产线的生产、规划、布局，并能够使用 SMES 软件进行智能制造产线仿真搭建。

3. 素质目标
了解先进制造理念，培养精益求精的品质、团队协作能力、操作规范性和良好的组织纪律性。

任务描述

利用 SMES 产线虚拟仿真软件搭建数字化工厂。

任务实现

一、物流在智能工厂中的重要地位

随着产能升级，许多工厂企业都开始进行智能工厂的建设规划，通过建设数字化工厂来降低生产成本，减少能耗物资，提高产品质量，扩大生产能力，使工厂生产物流组织合理化，改变工厂环境面貌，完善生产设施和提高企业管理水平，增强企业的市场竞争力。

新建工厂首先要充分分析工厂产品工艺生产特点，确定工厂合理的物流组织方案。工厂总体布置，根据产品工艺生产要求，要充分分析工厂生产活动中的各个环节，研究物料的移动，从原材料入厂到成品出厂的整个流程系统、路线，理顺所要建设厂房、构筑物之间的关系，使工厂总体布局的功能明确合理。

目前，工厂设计中物流已成为一个重要方面，是工厂的第三利润，物流的合理化能减少运量、周转量和经济效益。因此，工厂总平面布置必须根据所建厂房建筑之间的物流流量、流向、流距进行论址研究，使工厂平面布置更趋于科学、先进、合理。

不同类型产品其生产工艺流程各不相同，对于不同类型产品的生产企业其物流组织原则也不尽相同。

对于小批量、单件笨重产品（如电梯、工程机械类产品）生产企业，其在制品、产成品的体积大、质量大不利于周转倒运，原材辅料需求数量相对较少。该类产品生产企业物流组织应以最大限度减少中转环节为重点，物流组织顺畅为辅的原则进行总体布置。

对于大批量、流水线生产企业（如汽车产品、一般机电产品等生产企业），其生产工艺环节要求紧凑，原材料供给量大，生产连续性按节拍控制，该类生产企业其物流组织应以物流组织顺畅、合理为前提，优化物流组织减少物流量，保证生产顺利进行。

对于产品有环境特殊要求企业（如制药企业、电子行业），其物流组织应以符合工艺生产的洁净度和工艺流程要求为前提，力争使物流组织顺畅，物流流程短捷，不同产品类型的生产企业必须以产品内在特殊生产工艺要求为前提，合理确定物流组织原则，进行总体方案布置。

二、产线仿真搭建及智能工厂规划的十大核心要素

1. 仿真搭建

在 MES 资源库里面选择一台加工中心、一台数控车床、一台三坐标、一台立体库、一台带第七轴的工业机器人等相关设备搭建一套智能制造国赛平台。

（1）进入 MES 虚拟搭建系统

① 双击桌面浏览器（使用 Microsoft Edge 运行相对流畅），在浏览器地址中输入"192.168.100.222"，或者在浏览器的搜索栏里面输入"localhost"然后按回车键，单击"确定"按钮进入 SEMS 系统界面。在界面中输入用户名称"admin"，输入密码"123"，单击"登录"按钮，即可进入 MES 虚拟搭建系统。"登录"之后，首先出现"选择工程项目"，如图 2-22 所示。

视频

MES系统登录

图 2-22　SMES 系统登录

② 在"选择工程项目"界面，单击"新增"按钮，项目名称为"国赛平台搭建项目"，单击"保存"按钮，如图 2-23 所示。

注意：项目名称首字符为汉字或字母，名称内不可出现除"_"之外的字符（空格也是字符的一种），否则"产线搭建模块"无法保存。

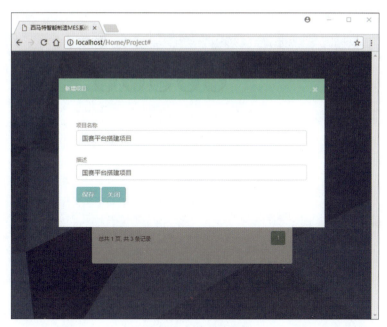

图 2-23　新增项目

③ 单击新创建的"国赛平台搭建项目"项目名称，即可进入 SMES 系统，如图 2-24 所示。

图 2-24　工程项目选择

④ 进入产线搭建模块。首先单击最左侧菜单栏中的"生产监控管理"，在下拉菜单中单击"生产监控管理"，弹出生产监控管理界面。单击"初始化"按钮，再单击"3D 展示"按钮，即可进入产线搭建模块，如图 2-25 所示。

注意："3D 展示"按钮每单击一次，都会打开新的 3D 虚拟空间，会消耗更多内存并且互相之间有干扰，所以不要连续单击。

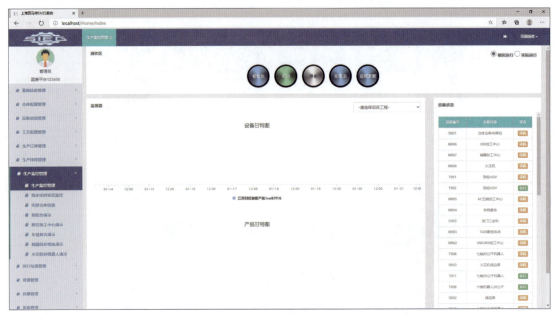

图 2-25 进入 3D 空间

⑤ 产线的编辑模式。在产线搭建模块中，右上侧按钮分别表示：

"菜单"：单击可以展开或收起下面的按钮。

"切换视角"：将视角在当前角度和原始视角之间切换。

"退出"：指退出三维搭建界面。

"重新连接"：指没有连接到服务器的情况下，单击该按钮重新连接。

"重置场景"：指三维场景初始化。

"动画加速"：指选择动画仿真的速度，最大可以 10 倍速度运行。

"软件状态"：有搭建、模拟、实时三种模式。选择"搭建"复选框，界面左上角会弹出搭建菜单；模拟模式是指可以虚拟仿真；实时模式是指设备与实际产线相连接，SMES 系统驱动实际产线，如图 2-26 所示。

图 2-26 3D 空间操作按钮

首先单击最右侧的"软件状态"按钮，在弹出的选项中选中"搭建"复选框，切换到产线的可编辑模式，如图2-27所示。

图2-27　产线的可编辑模式

单击"进入产线模型列表"进行产线模型选择。各大类中包含的设备仿真模型，在搭建产线时可以根据需要选择设备添加，如图2-28所示。

单击某个模型库，显示下拉菜单，可找到相应设备模型。单击设备模型之后移动鼠标在放置位置再单击，设备就被放置到指定位置。设备放置到场地后可以用鼠标左键选中设备并按住不放来移动设备；选中设备模型后单击上方删除按钮，可删除此模型。在场地空白处按住鼠标中键（即鼠标滚轮）后移动鼠标可以移动整个场地，滚动中键可以缩放场地，按住右键移动鼠标可以旋转场地的视角。鼠标左键选中设备，然后右击，弹出对话框，对设备进行编号和放置角度的调整。

视频
产线搭建
（一）

图2-28　仿真模型库分类

（2）产线的搭建

① 在左侧模型列表中，找到"加工设备"，分别拖动"VMC600加工中心""T420数控车床"到场景中；找到"检测设备"，拖动"龙门三坐标"到场景中，如图2-29所示。

② 右击"VMC600加工中心"，单击"设置配置"按钮，将设备编码设置为"M002"，设备角度设置为"270"，然后单击"保存"按钮，如图2-30、图2-31所示。

注意：此处角度设置是为了将设备排列整齐并面向机器人使其方便于物料流通。

图 2-29 放置加工及检测设备

图 2-30 选定"VMC600 加工中心"

图 2-31 更改"VMC600 加工中心"配置

③ 右击"T420 数控车床",单击"设置配置"按钮,将设备编码设置为"M003",设备角度设置为"270",然后单击"保存"按钮,如图 2-32 所示。

图 2-32　更改 "T420 数控车床" 配置

④ 右击 "龙门三坐标"，单击 "设置配置" 按钮，将设备编码设置为 "C002"，设备角度设置为 "180"，然后单击 "保存" 按钮，如图 2-33 所示。

图 2-33　更改 "龙门三坐标" 配置

⑤ 在左侧模型列表中，找到 "存储设备"，拖动 "线边库" 到场景中，如图 2-34 所示。

图 2-34　放置 "线边库"

⑥ 右击 "线边库"，单击 "设置配置" 按钮，将设备编码设置为 "S002"，设备角度设置为 "270"，然后单击 "保存" 按钮，如图 2-35 所示。

⑦ 在左侧模型列表中，找到 "传输设备"，拖动 "七轴 20 公斤机器人" 到场景中，如图 2-36 所示。

视频
产线搭建
（二）

图 2-35　更改"线边库"配置

图 2-36　放置"七轴 20 公斤机器人"

⑧ 右击"七轴 20 公斤机器人"，单击"设置配置"按钮，将设备编码设置为"T013"，设备角度设置为"0"（因为其他设备是以面对机器人为基准调整角度），地轨长度设置为"6"，然后单击"保存"按钮，如图 2-37 所示。

图 2-37　更改"七轴 20 公斤机器人"配置

机器人除了需要对设备进行命名和根据需要调整摆放角度外,还有一项重要的设置——设置机器同各设备的工作关系,即设备之间有物料交换。选中机器人后会以机器人为中心出现一个黄色加亮方框,该方框是机器人的工作范围,同机器人工作有关联属性的设备模型需要移动至少一半到该方框覆盖范围内,然后在右键弹出的快捷菜单中选择"设备关系"命令,弹出对话框,依次选中需要建立物料交换关系的设备然后保存。可以通过该对话框里出现的设备判断机器人同哪些设备产生了关联,如果还有需要关联的设备没有出现在该对话框内,需要把该设备向机器人移动,移入机器人工作区域的方框内,如图2-38所示。

图2-38 确定物料交换关系

⑨ 在左侧模型列表中,找到"附件",拖动"七轴夹爪库"到场景中,如图2-39所示。"七轴夹爪库"是机器人在夹取不同物料时,用于更换不同夹爪的仓库。

图2-39 放置"七轴夹爪库"

⑩ 右击"机器人夹爪库",单击"设置配置"按钮,将设备角度设置为"90",然后单击"保存"按钮,如图2-40所示。

⑪ 按下鼠标左键,将"七轴夹爪库"拖动到机器人附近,松开鼠标左键,如图2-41所示。"七轴夹爪库"也必须放置在机器人作业范围之内。

图 2-40 更改"七轴夹爪库"配置

图 2-41 "七轴夹爪库"放置位置调整

⑫ 在左侧模型列表中,找到"附件",拖动"桌子、椅子、计算机和看板"到场景中,如图 2-42 所示。

图 2-42 摆放附件

⑬ 右击"桌子",单击"设置配置"按钮,将角度设置为"0",然后单击"保存"按钮,如图 2-43 所示。

⑭ 同理,将其他设备拖入场景,最终场景如图 2-44 所示。

图 2-43 更改"桌子"配置

图 2-44 最终场景

⑮ 检查配置无误后,在上侧菜单中,单击"保存"按钮,在弹出的对话框中,单击"确定"按钮。如果前面保存过会有"替换"选项,单击"替换"按钮,如图 2-45 所示。

图 2-45 产线保存

⑯ 3D 搭建结束，退出 3D 程序，如图 2-46 所示。

图 2-46　退出 3D 空间

2. 智能工厂规划的十大核心要素

在当前智能制造的热潮之下，很多企业都在规划建设智能工厂。众所周知，智能工厂的规划建设是一个十分复杂的系统工程。为了少走弯路，下面整理了智能工厂在建设中要考虑的十大核心要素以及需要关注的重点维度。

（1）数据的采集和管理

数据是智能工厂建设的血液，在各应用系统之间流动。在智能工厂运转的过程中，会产生设计、工艺、制造、仓储、物流、质量、人员等业务数据，这些数据可能分别来自 ERP、MES、APS、WMS、QIS 等应用系统。生产过程中需要及时采集产量、质量、能耗、加工精度和设备状态等数据，并与订单、工序、人员进行关联，以实现生产过程的全程追溯。数据管理流程如图 2-47 所示。

图 2-47　数据管理流程

此外，在智能工厂的建设过程中，需要建立数据管理规范，来保证数据的一致性和准确性。还要预先考虑好数据采集的接口规范，以及 SCADA（监控和数据采集）系统的应用。企业需要根据采集的频率要求来确定采集方式，对于需要高频率采集的数据，应当从设备控制系统中自动采集。

另外，必要时，还应当建立专门的数据管理部门，明确数据管理的原则和构建方法，确立数据管理流程与制度，协调执行中存在的问题，并定期检查落实优化数据管理的技术标准、流程和执行情况。

（2）设备联网

实现智能工厂乃至工业 4.0，推进工业互联网建设，实现 MES 应用，最重要的基础就是要实现 M2M，也就是设备与设备之间的互联，建立工厂网络。

企业应该对设备与设备之间如何互联，采用怎样的通信方式、通信协议和接口方式等问题建立统一的标准。在此基础上，企业可以实现对设备的远程监控。机床联网之后，可以实现 DNC（分布式数控）应用。设备联网和数据采集是企业建设工业互联网的基础。

（3）工厂智能物流

推进智能工厂建设，生产现场的智能物流十分重要，尤其是对于离散制造企业。智能工厂规划时，要尽量减少无效的物料搬运。很多制造企业在装配车间建立了集中拣货区（kitting area），根据每个客户订单集中配货，并通过 DPS（digital picking system，电子标签拣选系统）方式进行快速拣货，配送到装配线，消除了线边仓。

离散制造企业在两道机械工序之间可以采用带有导轨的工业机器人、桁架式机械手等方式来传递物料，还可以采用 AGV、RGV（有轨穿梭车）或者悬挂式输送链等方式传递物料。立体仓库和辊道系统的应用，也是企业在规划智能工厂时，需要进行系统分析的问题。

（4）生产质量管理和设备管理

提高生产质量是企业永恒的主题。在智能工厂规划时，生产质量管理和设备管理更是核心的业务流程。贯彻"质量是设计、生产出来的，而非检验出来的"理念。

质量控制在信息系统中需嵌入生产主流程，如检验、试验在生产订单中作为工序或工步来处理；质量控制的流程、表单、数据与生产订单相互关联、穿透；构建质量管理的基本工作路线：质量控制设置→检测→记录→评判→分析→持续改进。

设备是生产要素，发挥设备的效能（OEE，设备综合效率）是智能工厂生产管理的基本要求。OEE 的提升标志产能的提高和成本的降低。生产管理信息系统需设置设备管理模块，使设备释放出最高的产能，通过生产的合理安排，使设备尤其是关键、瓶颈设备减少等待时间。

在设备管理模块中，要建立各类设备数据库、设置编码，及时对设备进行维保；通过实时采集设备状态数据，为生产排产提供设备的能力数据；建立设备的健康管理档案，根据积累的设备运行数据建立故障预测模型，进行预测性维护，最大限度地减少设备的非计划性停机；要进行设备的备品备件管理。

（5）智能厂房设计

智能厂房除了水、电、气、网络、通信等管线的设计外，还要规划智能视频监控系统、智能采光与照明系统、通风与空调系统、智能安防报警系统、智能门禁一卡通系统、智能火灾报警系统等。采用智能视频监控系统，可以判断监控画面中的异常情况，并以最快和最佳的方式发出警报或触发其他动作。

整个厂房的工作分区（加工、装配、检验、进货、出货、仓储等）应根据工业工程的原理进行分析，可以使用数字化制造仿真软件对设备布局、产线布置、车间物流进行仿真。在厂房设计时，还应当思考如何降低噪声，如何能够便于设备灵活调整布局，多层厂房如何进行物流输送等问题。

（6）智能装备的应用

制造企业在规划智能工厂时，必须高度关注智能装备的最新发展。机床设备正在从数控化走向智能化，很多企业在设备上下料时采用了工业机器人。未来的工厂中，金属增材制造设备将与切削加工（减材）、成型加工（等材）等设备组合起来，极大地提高材料利用率。

除了六轴的工业机器人之外，还应该考虑 SCARA 机器人和并联机器人的应用，而协作机器人将会出现在生产线上，配合工人提高作业效率。

（7）智能制造产线规划

智能制造产线是智能工厂规划的核心环节，企业需要根据生产线要生产的产品族、产能和生产节拍，采用价值流图等方法来合理规划智能制造产线。

智能制造产线的特点如下：

① 在生产和装配的过程中，能够通过传感器、数控系统或 RFID 自动进行生产、质量、能耗、设备综合效率等数据采集，并通过电子看板显示实时的生产状态，能够防呆防错。

② 通过安灯系统实现工序之间的协作。

③ 智能制造产线能够实现快速换模，实现柔性自动化；能够支持多种相似产品的混线生产和装配，灵活调整工艺，适应小批量、多品种的生产模式。

④ 具有一定冗余，如果出现设备故障，能够调整到其他设备生产。

⑤ 针对人工操作的工位，能够给予智能提示，并充分利用人机协作。

设计智能制造产线需要考虑如何节约空间，如何减少人员的移动，如何进行自动检测，从而提高生产效率和生产质量。

（8）制造执行系统 MES

MES 是智能工厂规划落地的着力点，上接 ERP 系统，下接现场的 PLC 程控器、数据采集器、条形码、检测仪器等设备。MES 旨在加强 MRP 计划的执行功能，贯彻落实生产策划，执行生产调度，实时反馈生产进展。

① 面向生产一线工人：指令做什么、怎么做、满足什么标准，什么时候开工，什么时候完工，使用什么工具等；记录"人、机、料、法、环、测"等生产数据，建立可用于产品追溯的数据链；反馈进展、反馈问题、申请支援、拉动配合等。

② 面向班组：发挥基层班组长的管理效能，班组任务管理和派工。

③ 面向生产一线保障人员：确保生产现场的各项需求，如料、工装、刀量具的配送，工件的周转等。

为提高产品准时交付率、提升设备效能、减少等待时间，MES 系统需导入生产作业排程功能，为生产计划安排和生产调度提供辅助工具，提升计划的准确性。

（9）生产无纸化

随着信息化技术的提高和智能终端成本的降低，在智能工厂规划可以普及信息化终端到每个工位。操作工人将可在终端接受工作指令，接受图纸、工艺、更单等生产数据，可以灵活适应生产计划变更、图纸变更和工艺变更。

（10）生产监控及指挥系统

流程型行业的企业的生产线配置了 DCS 系统或 PLC 控制系统，通过组态软件可以查看生产线上各个设备和仪表的状态，但绝大多数离散制造企业还没有建立生产监控与指挥系统。

实际上，离散制造企业也非常需要建设集中的生产监控与指挥系统，在系统中呈现关键的设备状态、生产状态、质量数据，以及各种实时的分析图表。通过看板直观展示。提供多种类型的内容呈现，辅助决策。

总之，要做好智能工厂的规划，需要综合运用这些核心要素，从各个视角综合考虑，从投资预算、技术先进性、投资回收期、系统复杂性、生产的柔性等多个方面进行综合权衡、统一规划，建立具有前瞻性和实效性的智能工厂。

任务三　虚拟运行与数据分析

素养园地

随着农业时代和工业时代的衰落，人类社会正在向信息时代过渡，跨进第三次浪潮文明，其社会形态是由工业社会发展到信息社会。第三次浪潮的信息社会与前两次浪潮的农业社会和工业社会最大的区别，就是不再以体能和机械能为主，而是以智能为主。

任务目标

1. 知识目标

① 熟悉 MES 系统的特点。
② 了解 MES 系统在生产中实现的目标。
③ 掌握 SMES 软件每个模块在智能生产中的作用。

2. 能力目标

理解智能制造产线的排程、调度与运行，并能够使用 SMES 软件进行智能制造产线虚拟运行。

3. 素质目标

了解先进制造理念，培养精益求精的品质、团队协作能力、操作规范性和良好的组织纪律性。

任务描述

利用 SMES 产线虚拟仿真软件进行智能制造产线数据配置并虚拟运行生产。

任务实施

一、生产排程

生产排程是在考虑能力和设备的前提下，在物料数量一定的情况下，安排各生产任务的生产顺序，优化生产顺序，优化选择生产设备，减少等待时间，平衡各机器和工人的生产负荷，从而优化产能，提高生产效率，缩短生产 LT（订货提前期）。

简而言之，生产排程就是将生产任务分配至生产资源的过程。

生产排程的依据和原则：

① 生产订单供不应求时排程要求和原则：调查产品产能瓶颈限制，以工序为依据，以边际利润高为导向排产。
② 生产订单供过于求时排程要求和原则：以成本优先为原则，以市场及客户满意度为导向进行生产排程。

对于 APS（advanced planning and scheduling，高级计划与排产），目前国际上还没有做出明确定义。它是一种基于供应链管理和约束理论的先进计划与排产工具，包含了大量的数学模型、优化及模拟技术，其功能优势在于实时基于约束的重计划与报警功能。在计划与排产的过程中，APS 将企业内外的资源与能力约束都囊括在考虑范围之内，用复杂的智能化运算法则，做常驻内存的计算。

APS 从理念的兴起，到真正的技术实现并运用于中国的制造业，整整酝酿了大半个世纪。不过随着精益思想、约束理论等改变制造业模式的思想被应用于中国，APS 在中国迎来了发展的大好时机。如果说过去十年是 ERP 的舞台，那么，未来十年则是 APS 的黄金十年。随着精细化管控的需求，APS 走向了舞台前端，将生产活动的各个细节全部规范科学地纳入信息化管理中来。所以，未来十年，APS 必将真正走向实践。目前，在 APS 领域最成熟的产品以及市场占有率最高的是 ASPROVA APS 以及 MAXPROVA APS。

二、虚拟运行演示及智能制造特性

1. 产线虚拟运行

在上一节讲到的智能制造国赛平台已经完成的搭建布局规划的基础上，本节完成生产管理实现虚拟仿真生产的过程，以智能制造国赛中生产的四种零件，即上板、下板、中间轴和连接轴为任务来完成生产管理各个模块的应用。

下面具体讲解 MES 上的信息配置。

打开 MES 软件，在登录界面正确输入用户名与密码，如图 2-48 所示。

进入任务二建立的"国赛平台搭建项目"。在左侧菜单栏依次输入生产信息。

图 2-48　登录界面

（1）基础信息管理

① 托盘信息管理：单击"基础信息管理"下拉菜单中"托盘信息管理"命令，出现"托盘信息管理"页面，在该页面输入物料托盘的信息，如图 2-49 所示。在智能制造产线中托盘有不一样的地位，为方便物流通畅，通常托盘底部会安装 RFID 芯片，使设备可以通过芯片识别物料。

图 2-49　"托盘信息管理"页面

在图 2-12 所示右侧页面中单击"新增"按钮，并按图 2-50 配置，然后单击"保存"按钮。

"托盘编号"：是指工件存放在仓库或在传送带上运行的时候固定和定位零件的工装，编号规则是以大写字母开头的三位编码，后两位为序号，同一个仓库内托盘编号不能相同。

"托盘名称"：一般以上面放置的零件名为前缀命名，以便于识别。

"托盘类型"：是指区别不同托盘，一般托盘零件的定位工装根据零件外形不同而不同，根据放置相同零件数量的不同，可以多个托盘编号选用相同的托盘类型，编号规则以固定字母 PF 开头四位编号，后两位为流水号。

图 2-50　新增托盘对话框

依次设置每种零件两个放置托盘。上板托盘的托盘类型为 PF01、下板托盘的托盘类型为 PF02、中间轴托盘的托盘类型为 PF03、链接轴托盘的托盘类型为 PF04，每种类型设置两个托盘，编号 A01 到 A08，如图 2-51 所示。

图 2-51　完成的"托盘基础信息管理"页面

② 物料基础信息：左侧导航栏单击"物料基础信息"，在右侧页面中单击"新增"按钮，如图 2-52 所示。

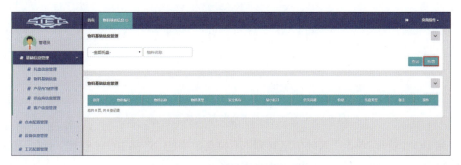

图 2-52　"物料基础信息"页面

单击托盘信息管理页面右上角的"新增"按钮,弹出信息录入窗口,如图 2-53 所示。

"物料编码":一般是 ERP 对仓库进行管理时,在录入零件时定义零件特性而产生的编码,同一种零件物料编码相同,可以与零件编码相同。

"物料名称":是指零件名称。

"物料类型":有成品和毛坯两种状态,实际生产中还有半成品。

"安全库存":是指确保企业正常生产的仓库零件备货数量,安全库存 = 日用量 × 供货周期。

"最小起订":从控制成本的角度出发,供应商对用户要求一次最少要采购的数量。

"供货周期":是指从收到采购订单开始,订单上产品送到用户处的时间周期。

"价格":是指零件价格。

"托盘类型":是指放置该零件的托盘类型。

"零件编码":是指零件编号。

图 2-53 新增物料录入窗口

分别新增"链接轴"、"中间轴"、"上板"和"下板",以及对应坯料,如图 2-54 所示。

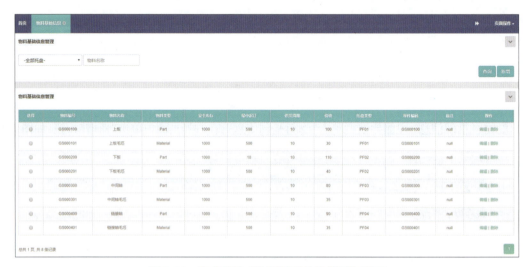

图 2-54 完成后的"物料基础信息管理"页面

③产品 BOM 管理:单击"基础信息管理"下拉菜单中的"产品 BOM 管理"命令,出现图 2-55 所示"BOM 配置"页面,在该页面输入零件 BOM。

图 2-55 "BOM 配置"页面

BOM 的分类介绍：产品数据管理（PDM）系统通过包含产品结构信息的物料清单（BOM）来进行设计、工艺、制造等环节数据的组织和管理，由此产生了设计 BOM（EBOM），工艺 BOM（PBOM）和制造 BOM（MBOM）。

a. EBOM：主要是设计部门产生的数据，产品设计人员根据客户订单或者设计要求进行产品设计，生成包括产品名称、产品结构、明细表、汇总表、产品使用说明书、装箱清单等信息。这些信息大部分包括在 EBOM 中。EBOM 是工艺、制造等后续部门的其他应用系统所需产品数据的基础。

b. PBOM：是工艺设计部门以 EBOM 中的数据为依据，制订工艺计划、工序信息、生成计划 BOM 的数据。计划 BOM 是由普通物料清单组成的，只用于产品的预测，尤其用于预测不同的产品组合而成的产品系列，有时是为了市场销售的需要，有时是为了简化预测计划从而简化了主生产计划。另外，当存在通用件时，可以把各个通用件定义为普通型 BOM，然后由各组件组装成某个产品，这样一来各组件可以先按预测计划进行生产，下单的 PBOM 产品可以很快进行组装，满足市场要求。

c. MBOM：是制造部门根据已经生产的 PBOM、工艺装配步骤进行详细设计后得到的，主要描述了产品的装配顺序、工时定额、材料定额以及相关的设备、刀具、卡具和模具等工装信息，反映了零件、装配件和最终产品的制造方法和装配顺序，反映了物料在生产车间之间的合理流动和消失过程。

单击"新增"按钮，出现 BOM 录入对话框。图 2-56 为下板零件的 BOM。下板是由上板毛坯生产加工而得来的。上板为父节点，物料类型为成品；上板毛坯为子节点，物料类型为坯料，上板和上板毛坯建立 BOM 关系的操作是：在上板毛坯 BOM 配置框里面选择父节点名称为"上板"，父节点名称就会出现上板的 BOM 编号，如图 2-56 所示。

注意：成品序号为此产品在成品中的排序，坯料序号为此物料在其父节点中的原料序号。

图 2-56 BOM 录入对话框

依照图 2-57 BOM 列表依次建立零件下板和下板毛坯、中间轴和中间轴毛坯、连接轴和连接轴毛坯的 BOM 关系。

图 2-57　完成的 BOM 列表

④ 供应商信息管理：单击"基础信息管理"下拉菜单中的"供应商信息管理"命令，出现图 2-58 所示"供应商基础信息管理"页面，在该页面输入供应商信息。

图 2-58　"供应商基础信息管理"页面

单击右上角"新增"按钮，弹出图 2-59 所示对话框，供应商编号为六位，以 SUP 开头固定不变，后三位为流水号，以录入的先后顺序进行编号。通常供应商信息至少包含图 2-59 所示的内容。

图 2-59　"新增供应商"对话框

依照图 2-60 分别录入四个供应商信息。

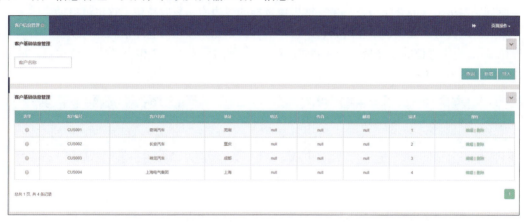

图 2-60　完成的"供应商基础信息管理"

⑤客户信息管理：单击"基础信息管理"下拉菜单中的"客户信息管理"命令，出现图 2-61 所示"客户信息管理"页面，在该页面输入客户信息。

图 2-61　"客户信息管理"页面

单击右上角"新增"按钮，弹出图 2-62 所示对话框，客户编号为六位，以 CUS 开头固定不变，后三位为流水号，以录入的先后顺序进行编号。通常客户信息至少包含图 2-62 所示的内容。

图 2-62　"新增客户"对话框

依照图 2-63 分别录入四个客户信息。

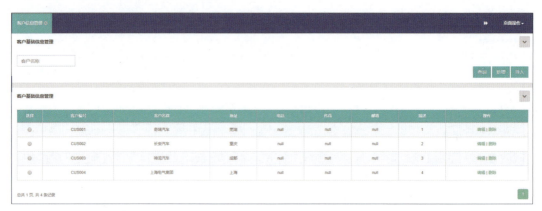

图 2-63　完成的"客户信息管理"

（2）仓库配置管理

单击"仓库配置管理"下拉菜单，出现图 2-64 所示"仓库配置管理"页面，在该页面配置仓库信息。左边出现的仓库型号，是三维搭建选择的线边库，只要搭建了这里就自动生成了。对仓库第一次配置时，需要选中左边的仓库，单击"初始化"按钮对仓库信息进行刷新。右边是仓库库位显示，仓库库位的编号是行号和列号的组合，如线边库右上的库位所处位置是 0D 行 04 列，它的库位编号为"0D04"。

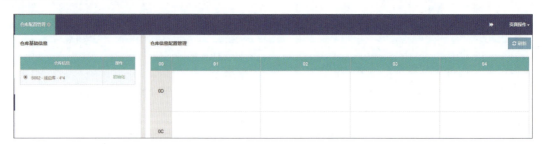

图 2-64　"仓库配置管理"页面

每个库位放置什么零件需要进行定义，单击库位方格会弹出图 2-65 所示对话框。

图 2-65　"仓库编辑"对话框

"作为坯料/成品"：是指该库位选择放置的物料类型是成品还是坯料，做选择之后，下面物料名称下拉菜单就会出现对应的物料类型。

"物料名称"：是指在物料定义里面定义过的物料。

"选择托盘"：是在定义过的托盘编号中选择一个站位。

"托盘类型"：是同托盘编号关联的，选择了托盘编号后会自动出现托盘类型。

依照图 2-66 中配置的物料，对线边库进行物料配置。配置信息依次为：

在 0D01 库位里配置"连接轴毛坯"。

在 0C01 库位里配置"中间轴毛坯"。

在 0B01、0B02 库位里配置"下板毛坯"。

在 0A01、0A02 库位里配置"上板毛坯"。

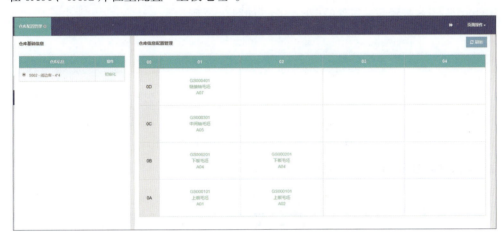

图 2-66 完成的"仓库配置管理"

（3）设备信息管理

单击"设备信息管理"下拉菜单，出现"设备信息管理"页面，如图 2-67 所示。在该页面配置设备信息。左边的设备列表是三维搭建好自动生成的，在此功能模块里面定义设备的生产能力。每种设备生产时的运行程序名称添加到对应设备信息里，为后面"工艺配置管理"部分添加工序信息做准备。同时，可以定义加工成本，零件的加工成本的计算方法是按照小时来收费的。加工时长是指工件在设备内加工的时间。在仿真时，这个时间的数值来自"CAM 软件编程后处理"计算出来的时间数值。通常在做模拟仿真时为节省整体时间，设置的时间比较短，时间单位为 s。

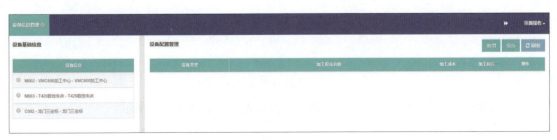

图 2-67 "设备信息管理"页面

为 M001 号设备配置四种零件的加工程序。单击右上角的"新增"按钮可以为选中的设备添加多个加工程序,如图 2-68 所示。

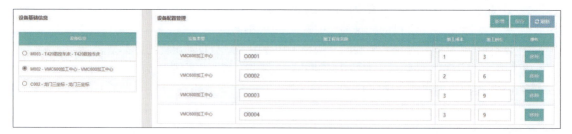

图 2-68　M002 号设备配置的加工程序

为 M003 号设备配置两种零件的生产程序,如图 2-69 所示。

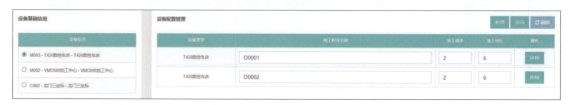

图 2-69　M003 号设备配置的生产程序

为三坐标设备配置两种零件的生产程序,如图 2-70 所示。

图 2-70　三坐标设备配置的生产程序

在左侧导航栏,单击"设备关系配置管理",并按图 2-71 所示配置。

注意:图 2-71 为搭建虚拟产线时,建立设备关系后自动生成的表格,除特殊情况不用更改。

主设备	从设备	操作
T013	S002	
T013	C002	
T013	M002	
T013	M003	

图 2-71　"设备关系配置管理"页面

确认无误后,单击"保存"按钮,设备关系保存成功提示如图 2-72 所示。

(4)工艺配置管理

单击"工艺配置管理"下拉菜单,出现图 2-73 所示"工艺配置管理"页面,在该页面配置工艺信息。一个零件或产品的生产工艺是由工序和工步组成的,一个工艺一般由多个工序组成,一个工序可以由多个工步组成。

图 2-72　设备关系保存成功提示

在智能制造里面的定义如下：

"工艺"：是指物料从仓库出料到成品入库的生产方法和过程，可以划分为几个工序。

"工序"：物料在生产加工设备或检测设备上发生的任务，在同一个设备的任务定义为一个工序。

"工步"：在智能制造产线上每个设备上的任务，可以划分为三个工步，一是把坯料拿入设备中，二是对设备进行加工，三是把成品拿出设备。

在左侧导航栏，单击"工艺配置管理"，单击"新增"按钮，新增四个工艺，分别为"上板加工工艺""下板加工工艺""链接轴加工工艺""中间轴加工工艺"。

零件工艺的配置顺序是工艺配置—工序配置—工步配置。

图 2-73　"工艺配置管理"页面

① 上板加工工艺：

a. 工艺配置：在工艺管理栏里面单击"新增"按钮，弹出图 2-74 所示对话框。

"节点名称"：即工艺名称，输入上板生产工艺。

"加工产品"：单击下拉按钮选择"GS000100-上板"，是指这个工艺生产什么零件。

"显示序号"：是指多个零件生产工艺的情况下，列表排列顺序。

工艺配置完成后，单击"保存"按钮。

b. 工序配置：在"工艺管理"栏，选中上板生产工艺，然后在"工序管理"栏单击"新增"按钮，弹出图 2-75 所示对话框。

"工序名称"：输入"铣削加工"，工序名称可以自定义。

图 2-74 "工艺配置建模"对话框

"使用设备类型":选择完成该工序的加工设备。

"使用程序":是指完成该工序生产加工的零件加工程序。

"加工成本"和"加工预计时长",在前面配置零件程序的时候已经配置过,自动与程序名进行捆绑。

"第几道工序":是指一个工艺里面包含几个工序时,工序执行的先后顺序。根据工艺单上先后顺序依次排列。

注意:使用程序选择时,下拉菜单如果没有选项,可更换使用设备类型,再更换回正确设备,此时会正常显示程序。此处灰色的选项"加工成本"和"加工预计时长"不能更改,因为相应参数是在设备信息管理步骤里设定好的。

图 2-75 工序配置对话框

注意:此处演示的 T420 数控车床链接轴加工程序号为 O0001,中间轴加工程序号为 O0002,VMC650 加工中心加工的程序号同理。

c. 工步配置：在"工艺管理"栏里面，选中"上板生产工艺"，然后在"工序管理"栏里面选中"铣削加工"，然后在"工步管理"栏里面单击"新增"按钮，每单击一次出现一个工步，配置三个工步，排序号为 1、2、3，对应工步名称分别为 Get、Do、Put，这个排序号和工步名称保持不变，每个工序后面都需要配置这三个工步。

Get：是指该工序加工的零件取料的过程，在"使用参数"里面选择物料存放的设备。

Do：是指加工设备运行程序生产零件，设备前面已经选择了，所以此处"使用参数"不用再选择。

Put：是指零件加工结束后，机器人把零件取出放到指定设备，在"使用参数"里面选择物料存放的设备。

预计耗时：此处输入的时间是仿真运行时调用的时间。然后在工步列，单击"新增"按钮，新增三个分别为 Get（线边库）、Do、Put（线边库）的工步，如图 2-76 所示。

图 2-76　工步配置

确认无误后，单击"保存"按钮，如图 2-77 所示。

图 2-77　保存成功提示

② 下板加工工艺：

新建下板的工艺，配置过程与上板工艺相同。

③ 链接轴加工工艺：

a. 新建"链接轴加工工艺"。

b. 在"工序管理"栏单击"新增"按钮，如图 2-78 所示。

继续添加工序，选中"VMC650 加工中心"，如图 2-79 所示。

继续添加工序，选中"龙门三坐标"，如图 2-80 所示。

图 2-78 添加"链接轴加工工艺"的第一个工序

图 2-79 添加"链接轴加工工艺"的第二个工序

图 2-80 添加"链接轴加工工艺"的第三个工序

c. 选中每个工序,然后在"工步管理"栏单击"新增"按钮,新增三个分别为 Get(线边库)、

Do、Put（线边库）的工步，如图 2-81 所示。

图 2-81　每个工序进行工步管理

确认无误后，单击"保存"按钮，工艺保存成功提示如图 2-82 所示。

图 2-82　工艺保存成功提示

④ 中间轴加工工艺：
新建中间轴的工艺，配置过程与链接轴工艺相同。
（5）生产订单管理
在左侧导航栏，单击"生产订单管理"，单击"新增"按钮，新增"国赛平台订单"，如图 2-83 所示。

图 2-83　"订单管理"页面

在右侧新增四个零件，分别为"链接轴"、"中间轴"、"上板"和"下板"，设置需求数量、优先级、到期天数，如图 2-84、图 2-85 所示。

图 2-84　"新增零件"对话框

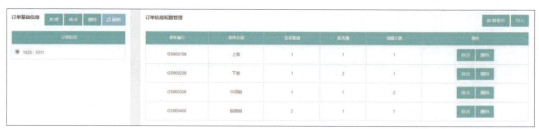

图 2-85 完成的"订单"

(6) 生产排程管理

单击"生产排程管理",选中"国赛平台订单",单击右上角的"修改"按钮,如图 2-86 所示。

图 2-86 "生产排程管理"页面

(7) 生产监控管理

单击"生产监控管理",选中"模拟运行"单选按钮,如图 2-87 所示。

图 2-87 "生产监控管理"页面

单击"3D 展示"按钮,然后单击"启动"按钮,虚拟产线将完成仿真生产过程,如图 2-88 所示。

图 2-88　虚拟生产按钮

2. 智能制造特性

智能制造是基于新一代信息技术的先进制造过程、系统与模式的总称。智能制造贯穿"设计、生产、管理、服务"等制造活动各环节，并具有信息深度自感知、智慧优化自决策、精准控制自执行等功能。

工业发达国家经历了机械化、电气化、数字化三个历史发展阶段，具备了向智能制造阶段转型的条件，未来必然是以高度集成化和智能化的智能制造系统，取代制造过程中人的脑力劳动。智能制造整个过程中将智能装备（包括但不限于机器人、数控机床、自动化集成装备、3D 打印等）通过通信技术有机连接起来，实现生产过程自动化；并通过各类感知技术收集生产过程中的各种数据，通过工业以太网等通信手段，以及各类系统优化软件提供生产方案，实现生产方案智能化。

在智能制造的关键技术当中，智能产品与智能服务可以帮助企业带来商业模式的创新；智能装备、智能制造产线、智能车间到智能工厂，可以帮助企业实现生产模式的创新；智能研发、智能管理、智能物流与供应链则可以帮助企业实现运营模式的创新；而智能决策则可以帮助企业实现科学决策。

巩固与练习

一、填空题

1. 根据在生产中使用的物质形态的差异，制造业主要可分为_____制造业和_____制造业。

2. AMR 将 MES 定义为："位于上层的计划管理与底层的工业控制之间的面向中间_____层的管理信息系统"。

3. 工艺，简单说就是将原材料或半成品加工成产品使用到的_____、_____等。

4. 生产企业习惯将最终产品之外的、在生产领域流转的一切材料、燃料、零部件、半成品、外协件以及生产过程中必然产生的边角余料、废料以及各种废物统称为_____。

二、选择题

1. MES 是指（　　）。
   A. 制造管理系统　　　　　　　　B. 制造执行系统
   C. 企业制造系统　　　　　　　　D. 企业管理系统

2. 狭义上的BOM是指（　　　）。

   A. 材料清单　　　B. 物料清单　　　C. 资料清单　　　D. 燃料清单

3. MES的四个重点功能是（　　　）。（多选题）

   A. 生产管理　　　B. 设备管理　　　C. 工艺管理

   D. 过程管理　　　E. 质量管理

4. 数字化生产管理中，数据的收集、传递常用载体有（　　　）。（多选题）

   A. 条码　　　　　　　　　　　　B. RFID

   C. 嵌入式芯片（CPS）　　　　　D. 物料

三、简答题

1. 简述离散型制造与流程型制造的区别与联系。
2. 简述虚拟仿真的技术优势。
3. 简述虚拟仿真系统搭建的流程与步骤。
4. 简述智能制造产线虚拟仿真搭建的重难点。

项目三 工业机器人技术

机器人是集机械、电子、控制、传感、人工智能等多学科先进技术于一体的自动化装备。自1956年机器人产业诞生后，经过60多年发展，机器人已经被广泛应用在装备制造、新材料、生物医药、智慧新能源等高新产业。机器人与人工智能技术、先进制造技术和移动互联网技术的融合发展，推动了人类社会生活方式的变革。

自工业革命以来，人力劳动已经逐渐被机械所取代，而这种变革为人类社会创造出巨大的财富，极大地推动了人类社会的进步。时至今日，机电一体化、机械智能化等技术应运而生，人类充分发挥主观能动性，进一步增强对机械的利用效率，使之为我们创造更加巨大的生产力，并在一定程度上维护了社会的和谐。

工业机器人的出现将人类从繁重单一的劳动中解救出来，而且它还能够从事一些不适合人类甚至超越人类的劳动，实现生产的自动化，避免工伤事故和提高生产效率。随着生产力的发展，必将促进相应科学技术的发展。工业机器人未来将广泛地进入人们的生产生活领域。

任务一　工业机器人认知

素养园地

智能制造是国家制造业的发展方向，围绕自动控制技术、工业机器人技术等领域全面提升国家的实力，使国家实现从中国制造向中国智造的转变。通过案例使学生切实感受到本课程的学习与中国的发展密切相关，从而有一种学习的使命感与责任感，进而培养学生的学习热情，增强学生的爱国情怀。

任务目标

1. 知识目标

①掌握工业机器人的概念、组成、特点、应用。
②熟悉工业机器人的结构及工作原理。
③了解工业机器人的优势与应用范围。
④熟悉ABB工业机器人典型结构及IRB120实训台。

2. 能力目标

①通过工业机器人相关知识的学习，了解ABB工业机器人在工业场合的应用。

② 熟练叙述 ABB 工业机器人的结构组成及工作原理。
③ 能了解 IRB120 实训台的组成及实训项目。

3. 素质目标
① 增强工科素养。
② 培养团队协作能力、操作规范性和良好的组织纪律性。

任务描述

通过老师的讲解和对实训室 ABB IRB120 实训台的观察和操作，熟悉 ABB 工业机器人的结构组成、工作原理及实训台的实训项目。

任务实现

一、工业机器人概述

1. 概念

工业机器人是广泛用于工业领域的多关节机械手或多自由度的机器装置，具有一定的自动性，可依靠自身的动力能源和控制能力实现各种工业加工制造功能。工业机器人被广泛应用于电子、物流、化工等各个工业领域之中。

2. 组成

一般来说，工业机器人由三大部分、六个子系统组成。三大部分是机械部分、传感部分和控制部分。六个子系统可分为机械结构系统、驱动系统、感知系统、机器人 - 环境交互系统、人机交互系统和控制系统。

（1）机械结构系统

从机械结构来看，工业机器人总体上分为串联机器人和并联机器人。串联机器人的特点是一个轴的运动会改变另一个轴的坐标原点，而并联机器人一个轴运动则不会改变另一个轴的坐标原点。早期的工业机器人都是采用串联机构。并联机构定义为动平台和定平台通过至少两个独立的运动链相连接，机构具有两个或两个以上自由度，且以并联方式驱动的一种闭环机构。并联机构由两个构成部分，分别是手腕和手臂。手臂活动区域对活动空间有很大的影响，而手腕是工具和主体的连接部分。与串联机器人相比较，并联机器人具有刚度大、结构稳定、承载能力大、微动精度高、运动负荷小的优点。在位置求解上，串联机器人的正解容易，但反解十分困难；而并联机器人则相反，其正解困难，反解却非常容易。

（2）驱动系统

驱动系统是向机械结构系统提供动力的装置。根据动力源不同，驱动系统的传动方式分为液压式、气压式、电气式和机械式四种。早期的工业机器人采用液压驱动，由于液压系统存在泄漏、噪声和低速不稳定等问题，并且功率单元笨重、昂贵，目前只有大型重载机器人、并联加工机器人和一些特殊应用场合使用液压驱动的工业机器人。气压驱动具有速度快、系统结构简单、维修方便、价格低等优点。但是气压装置的工作压强低，不易精确定位，一般仅用于工业机器人末端执行器的驱动。气动手爪、旋转气缸和气动吸盘作为末端执行器可用于中、小负荷的工件抓取和装配。电力驱动是目前使用最多的一种驱动方式，其特点是电源取用方便、响应快、驱动力大、信号检测、传递、处理方便，并可以采用多种灵活的控制方式，驱动电机一般采用步进电机或伺服电机，目前也有采用直接驱动电机，但是造价较高，控制也较为复杂，和电机相配的减速器一般采用谐波减速器、摆线针轮减速器或者行星齿轮减速器。由于并联机器人中有大量的直线驱动需求，直线电机在并联机器人领域已经得到了广泛应用。

（3）感知系统

机器人感知系统把机器人各种内部状态信息和环境信息从信号转变为机器人自身或者机器人之间能够理解和应用的数据和信息，除了需要感知与自身工作状态相关的机械量，如位移、速度和力等，视觉感知技术是工业机器人感知的一个重要方面。视觉伺服系统将视觉信息作为反馈信号，用于控制调整机器人的位置和姿态。机器视觉系统还在质量检测、识别工件、食品分拣、包装的各个方面得到了广泛应用。感知系统由内部传感器模块和外部传感器模块组成，智能传感器的使用提高了机器人的机动性、适应性和智能化水平。

（4）机器人 – 环境交互系统

机器人 – 环境交互系统是实现机器人与外部环境中的设备相互联系和协调的系统。机器人与外围设备集成为一个功能单元，如加工制造单元、焊接单元、装配单元等。当然也可以是多台机器人集成为一个去执行复杂任务的功能单元。

（5）人机交互系统

人机交互系统是人与机器人进行联系和参与机器人控制的装置。例如：计算机的标准终端、指令控制台、信息显示板、危险信号报警器等。

（6）控制系统

控制系统的任务是根据机器人的作业指令以及从传感器反馈回来的信号，支配机器人的执行机构去完成规定的运动和功能。如果机器人不具备信息反馈特征，则为开环控制系统；具备信息反馈特征，则为闭环控制系统。根据控制原理可分为程序控制系统、适应性控制系统和人工智能控制系统。根据控制运动的形式可分为点位控制和连续轨迹控制。

3. 特点

相比于传统的工业设备，工业机器人有众多的优势，比如机器人具有易用性、智能化水平高、生产效率及安全性高、易于管理且经济效益显著等特点，使得它们可以在高危环境下进行作业。

（1）易用性

在我国，工业机器人广泛应用于制造业，不仅仅应用于汽车制造业，大到航天飞机的生产，军用装备，高铁的开发，小到圆珠笔的生产都有广泛的应用。并且已经从较为成熟的行业延伸到食品、医疗等领域。由于机器人技术发展迅速，与传统工业设备相比，不仅产品的价格差距越来越小，而且产品的个性化程度高，因此在一些工艺复杂的产品制造过程中，可以让工业机器人替代传统设备，这样就可以在很大程度上提高经济效率。

（2）智能化水平高

随着计算机控制技术的不断进步，工业机器人将逐渐能够明白人类的语言，同时工业机器人可以完成产品的组件，这样就可以让工人免除复杂的操作。工业生产中焊接机器人系统不仅能实现空间焊缝的自动实时跟踪，而且还能实现焊接参数的在线调整和焊缝质量的实时控制，可以满足技术产品复杂的焊接工艺及其焊接质量、效率的迫切要求。另外，随着人类探索空间的扩展，在极端环境，如太空、深水以及核环境下，工业机器人也能利用其智能将任务顺利完成。

（3）生产效率及安全性高

机械手，顾名思义，通过仿照人类的手形而生产出来的手，它生产一件产品耗时是固定的。同样的生产周期内，使用机械手的产量也是固定的，不会忽高忽低。并且每一模块的产品生产时间是固定化的，产品的成品率也高。

工厂采用工业机器人生产，可以解决很多安全生产方面的问题。对于由于个人原因，如不熟悉工作流程、工作疏忽、疲劳工作等导致安全生产隐患，全都可以避免了。

（4）易于管理且经济效益显著

企业可以很清晰地知道自己每天的生产量，根据自己所能够达到的产能去接收订单和生产商品。而不会去盲目预估产量或是生产过多产品产生浪费的现象。而工厂每天对工业机器人的管理，也会比管理员工简单得多。

工业机器人可以24 h循环工作，能够做到生产线的最大产量，并且无须给予加班的工时费用。对于企业来说，还能够避免员工长期高强度工作后产生的疲劳、生病带来的请假等误工的情况。生产线换用工业机器人生产后，企业生产只需要留下少数能够操作、维护工业机器人的员工对工业机器人进行维护作业就可以了，经济效益非常显著。

4. 应用

（1）在码垛方面的应用

在各类工厂的码垛方面，自动化极高的机器人被广泛应用，人工码垛工作强度大，耗费人力，员工不仅需要承受巨大的压力，而且工作效率低。搬运机器人能够根据搬运物件的特点，以及搬运物件所归类的地方，在保持其形状和物件性质不变的基础上，进行高效的分类搬运，使得装箱设备每小时能够完成数百块的码垛任务。在生产线上下料、集装箱的搬运等方面发挥极其重要的作用。

（2）在焊接方面的应用

焊接机器人主要承担焊接工作，不同的工业类型有着不同的工业需求，所以常见的焊接机器人有点焊机器人、弧焊机器人、激光机器人等。汽车制造行业是焊接机器人应用最广泛的行业，在焊接难度、焊接数量、焊接质量等方面有着人工焊接无法比拟的优势。

（3）在装配方面的应用

在工业生产中，零件的装配是一件工程量极大的工作，需要大量的劳动力，曾经的人力装配因为出错率高、效率低而逐渐被工业机器人代替。装配机器人的研发，结合了多种技术，包括通信技术、自动控制、光学原理、微电子技术等。研发人员根据装配流程，编写合适的程序，应用于具体的装配工作。装配机器人的最大特点，就是安装精度高、灵活性大、耐用程度高。因为装配工作复杂精细，所以选用装配机器人来进行电子零件、汽车精细部件的安装。

（4）在检测方面的应用

机器人具有多维度的附加功能，它能够代替工作人员在特殊岗位上的工作，比如在高危领域，如核污染区域、有毒区域、高危未知区域进行探测。还有人类无法具体到达的地方，如病人患病部位的探测、工业瑕疵的探测、地震救灾现场的生命探测等均有建树。

5. 常见结构

（1）直角坐标机器人

直角坐标机器人一般为二至三个运动自由度，每个运动自由度之间的空间夹角为直角。可重复编程，所有的运动均按程序运行，一般由控制系统、驱动系统、机械系统、操作工具等组成。灵活、多功能，因操作工具的不同，功能也不同。高可靠性、高速度、高精度，可用于恶劣的环境，可长期工作，便于操作维修。直角坐标机器人如图3-1所示。

（2）平面关节型机器人

平面关节型机器人又称SCARA型机器人，是圆柱坐标机器人的一种形式。SCARA型机器人有三个旋转关节，其轴线相互平行，在平面内进行定位和定向。另一个关节是移动关节，用于完成末端件在垂直于平面的运动。具有精度高、动作范围较大、坐标计算简单、结构轻便、响应速度快，但是负载较小，主要用于电子、分拣等领域。

SCARA 系统在 X、Y 轴方向上具有顺从性，而在 Z 轴方向具有良好的刚度，此特性特别适合于装配工作。SCARA 的另一个特点是其串接的两杆结构，类似人的手臂，可以伸进有限空间中作业然后收回，适合于搬运和取放物件，如集成电路板等。平面关节型机器人如图 3-2 所示。

图 3-1　直角坐标机器人

图 3-2　平面关节型机器人

（3）并联机器人

并联机器人（见图 3-3）又称 DELTA 机器人，属于高速、轻载的并联机器人，一般通过示教编程或视觉系统捕捉目标物体，由三个并联的伺服轴确定抓具中心（TCP）的空间位置，实现目标物体的运输、加工等操作。DELTA 机器人主要应用于食品、药品和电子产品等加工、装配。DELTA 机器人以其质量小、体积小、运动速度快、定位精确、成本低、效率高等特点正在市场上被广泛应用。

DELTA 机器人是典型的空间三自由度并联机构，整体结构精密、紧凑，驱动部分均布于固定平台，这些特点使它具有如下特性：

① 承载能力强、刚度大、自重负荷比小、动态性能好。
② 并行三自由度机械臂结构，重复定位精度高。
③ 超高速拾取物品，每秒多个节拍。

图 3-3　并联机器人

（4）串联机器人

串联机器人（见图 3-4）拥有五个或六个旋转轴，类似于人类的手臂。应用领域有装货、卸货、喷漆、表面处理、测试、测量、弧焊、点焊、包装、装配、切屑机床、固定、特种装配操作、锻造、铸造等。

串联机器人一般有很高的自由度，适合于几乎任何轨迹或角度的工作，可以自由编程，完成全自动化的工作，提高生产效率，可控制的错误率，代替很多不适合人力完成、有害身体健康的复杂工作，比如，汽车外壳点焊、金属部件打磨。本项目就是以串联机器人作为对象进行展开的。

（5）协作机器人

在传统的工业机器人逐渐取代单调、重复性高、危险性强的工作之时，协作机器人也将会慢慢渗入各个工业领域，与人共同工作。这将引领一个全新的机器人与人协同工作时代的来临。随着工业自动化的发展，发现越来越需要协作机器人配合人来完成工作任务。这样，协作机器人比工业机器人的全自动化工作站具有更好的柔性和成本优势。协作机器人如图 3-5 所示。

图 3-4　串联机器人

图 3-5　协作机器人

二、ABB 工业机器人

1. ABB 工业机器人简介

ABB 是全球领先的工业机器人技术供应商，提供从机器人本体、软件、外围设备、模块化制造单元、系统集成到客户服务的完整产品组合。ABB 机器人为焊接、搬运、装配、涂装、机加工、捡拾、包装、码垛、上下料等应用提供全面支持，广泛服务于汽车、电子产品制造、食品饮料、金属加工、塑料橡胶、机床等行业。截至目前，ABB 是唯一一家在中国打造工业机器人研发、生产、销售、工程、系统集成和服务全产业链的跨国企业。

2. ABB 工业机器人本体典型结构

关节机器人也称关节手臂机器人或关节机械手臂，是当今工业领域中最常见的工业机器人的形态之一，适合用于诸多工业领域的机械自动化作业。ABB 工业机器人中最常用的是六关节机器人，也称为六轴机器人，它有六个旋转轴，类似于人类的手臂，每个旋转轴处有一台电机，ABB 六轴工业机器人典型结构如图 3-6 所示。

A—电机轴 6；B—电机轴 5；C—电机轴 4；D—电缆线束；E—电机轴 3；F—电机轴 2；
G—底座及线缆接口；H—电机轴 1。

图 3-6　ABB 六轴工业机器人典型结构

3. ABB IRB 120

本项目介绍的 ABB 工业机器人的型号为 IRB 120，该型号机器人是 ABB 迄今最小的多用途机器人，仅重 25 kg，荷重 3 kg(垂直腕为 4 kg)，工作范围达 580 mm，是具有低投资、高产出优势的经济可靠之选。

4. IRB120 实训台

ABB IRB120 实训台上安装有一台 ABB IRB120 工业机器人（见图 3-7），并且安装有多个实训工具和实训模块，可以做多个项目的实训任务，比如积木的搬运、码垛、写字、建立坐标系、路径的行走等。实训台的下面有一个柜体，柜体内安装有各种元器件和控制柜，控制柜可以和机器人以及示教器进行通信，实现对机器人的控制。ABB IRB120 实训台如图 3-8 所示。

图 3-7　ABB IRB120 工业机器人

图 3-8　ABB IRB120 实训台

任务二　积木搬运

素养园地

紧密结合未来工业机器人以及智能制造发展，树立安全意识，突出培育爱国主义精神、团结合作的品质以及工匠精神，为工业机器人编程应用相关工作奠定基础。

任务目标

1. 知识目标

① 掌握示教器的应用。
② 掌握模块和例行程序的建立。
③ 熟悉常用编程指令的应用。

2. 能力目标

① 通过工业机器人相关知识的学习，能掌握示教器的使用。
② 能在线性模式下通过示教器熟练操作机器人。

③ 能够熟练掌握模块和例行程序的建立。
④ 熟悉 MOVEJ、MOVEL、SET、RESET、WAITTIME 等常用指令的应用。
⑤ 能进行程序的调试运行。

3. 素质目标
① 增强工科素养。
② 培养团队协作能力、操作规范性和良好的组织纪律性。

任务描述

熟悉示教器的使用，通过示教器手动操作机器人搬运积木，新建模块和例行程序，应用常用指令编写积木搬运程序，通过程序控制机器人机械手把积木从一个位置搬运至另一个位置。

任务实现

一、示教器手动操作

1. 示教器简介

ABB 机器人都是通过示教器进行手动操作的。在示教器上，绝大多数的操作都是在触摸屏上完成的，同时也保留了必要的按钮和操作装置。示教器结构如图 3-9 所示。

A—连接电缆；B—触摸屏；C—急停开关；D—手动操纵摇杆；E—USB 端口；
F—使能器按钮；G—触摸屏用笔；H—示教器复位按钮。

图 3-9　示教器结构图

在使用示教器时，将左手从后面伸进示教器的安全带中，托着示教器，将示教器放在左手上，然后用右手进行屏幕和按钮的操作，如图 3-10 所示。

2. 设置示教器语言

示教器出厂时，默认的显示语言是英语，为了方便操作，下面介绍把显示语言设定为中文的操作步骤。

① 点击左上角主菜单按钮。

图 3-10　示教器的手持方法

② 选择 Control Panel，如图 3-11 所示。
③ 选择 Language，如图 3-12 所示。

图 3-11　选择控制面板

图 3-12　选择示教器语言

④ 选择 Chinese。
⑤ 点击 OK 按钮。
⑥ 点击 YES 按钮后，系统重启。
⑦ 重启后，点击左上角按钮就能看到菜单已切换成中文界面，如图 3-13 所示。

图 3-13　设定示教器语言为中文

视　频

使能器的
使用

3. 使能器按钮的使用

使能器按钮是工业机器人为保证操作人员人身安全而设置的。只有在按下使能器按钮，并保持在"电机开启"的状态，才可对机器人进行手动的操作与程序的调试。当发生危险时，人会本能地将使能器按钮松开或按紧，机器人则会马上停下来，以保证安全。

使能器按钮位于示教器手动操作摇杆的右侧，操作者应用左手的四个手指进行操作，如图 3-14 所示。

图 3-14　使能器的使用

使能器按钮分为两档，在手动状态下第一挡按下去，机器人处于"电机开启"状态，第二挡按下去以后，机器人就会处于"防护装置停止"状态，如图 3-15 所示。

图 3-15　使能器两种不同状态显示

4. ABB 机器人手动操纵

（1）单轴运动的手动操纵

一般地，ABB 机器人是由六个伺服电机分别驱动机器人的六个关节轴，那么每次手动操纵一个关节轴的运动，就称之为单轴运动。机器人的六个关节轴如图 3-16 所示。

① 将控制柜上机器人状态钥匙切换到手动限速状态（小手标志）。

② 在状态栏中，确认机器人的状态已切换为"手动"。

③ 点击左上角主菜单按钮。

④ 选择"手动操纵"，如图 3-17 所示。

图 3-16 机器人的六个关节轴

视 频

单轴运动
动作模式

图 3-17 选择手动操纵

⑤ 点击"动作模式",如图 3-18 所示。

⑥ 选中"轴 1-3",就可以操纵 1-3 轴,然后点击"确定"按钮。选中"轴 4-6",就可以操纵 4-6 轴。1-3 轴操作模式的选择如图 3-19 所示。

图 3-18 选择动作模式

图 3-19 选择 1-3 轴操作模式

⑦ 用左手按下使能按钮,进入"电机开启"状态。

⑧ 在状态栏中,确认"电机开启"状态。

⑨ 在操纵杆方向窗口中显示"轴 1-3"的操纵杆方向,箭头代表正方向,如图 3-20 所示。

操纵杆的操纵幅度是与机器人的运动速度相关的。操纵幅度较小,则机器人运动速度较慢;操纵幅度较大,则机器人运动速度较快,所以在操作时,尽量以小幅度操纵使机器人慢慢运动来开始手动操纵。

(2)线性运动的手动操纵

机器人的线性运动是指安装在机器人第六轴法兰盘上工具的 TCP(工具中心点)在空间中做线性运动。以下就是手动操纵线性运动的方法。

① 选择"手动操纵"。

② 点击"动作模式"。

③选择"线性",然后点击"确定"按钮,如图 3-21 所示。

图 3-20 轴 1-3 操作模式界面

图 3-21 选择线性动作模式

机器人的线性运动要在"工具坐标"中指定对应的工具。

④点击"工具坐标"。

⑤选中对应的工具"tool1",然后点击"确定"按钮,如图 3-22 所示。

图 3-22 工具坐标的选择

⑥用左手按下使能按钮,进入"电机开启"状态。

⑦在状态栏中,确认"电机开启"状态。

⑧操纵杆方向窗口显示轴 X、Y、Z 的操纵杆方向,箭头代表正方向,如图 3-23 所示。

⑨操作示教器上的操纵杆,工具的 TCP 点在空间中沿着 X、Y、Z 轴做线性运动,如图 3-24 所示。

(3)重定位运动的手动操纵

机器人的重定位运动是指机器人第六轴法兰盘上的工具 TCP 点在空间中绕着坐标轴旋转的运动,也可以理解为机器人绕着工具 TCP 点做姿态调整的运动。以下就是手动操纵重定位运动的方法。

①选择"手动操纵"。

②点击"动作模式"。

视频
线性运动动作模式

图 3-23　线性运动的操作界面　　　　图 3-24　TCP 点沿着 X、Y、Z 轴做线性运动

③ 选择"重定位",然后点击"确定"按钮,如图 3-25 所示。
④ 点击"坐标系",选择"工具",然后点击"确定"按钮,如图 3-26 所示。

图 3-25　选择重定位动作模式　　　　　　图 3-26　选择工具坐标系

⑤ 点击"工具坐标",选中对应的工具"tool1",然后点击"确定"按钮,如图 3-27 所示。
⑥ 用左手按下使能按钮,进入"电机开启"状态。
⑦ 在状态栏中,确认"电机开启"状态,显示轴 X、Y、Z 的操纵杆方向。箭头代表正方向,如图 3-28 所示。

图 3-27　工具坐标 tool1 的选择　　　　　图 3-28　重定位运动的操作界面

● 视 频

重定位动作模式

⑧ 操作示教器上的操纵杆，机器人绕着工具 TCP 点做姿态调整运动，如图 3-29 所示。

（4）增量模式的使用

如果对使用操纵杆通过位移幅度来控制机器人运动的速度不熟练，那么可以使用"增量"模式来控制机器人的运动。

在增量模式下，操纵杆每位移一次，机器人就移动一步。如果操纵杆持续 1 s 或数秒，机器人就会持续移动（速率为 10 步 /s）。

① 选中"增量"。

图 3-29 机器人绕着 TCP 点做姿态调整运动

② 根据需要选择增量的移动距离，然后点击"确定"按钮，如图 3-30 所示。

图 3-30 增量的选择

增量的移动距离见表 3-1。

表 3-1 增量的移动距离

增量	移动距离 /mm	弧度 /rad
小	0.05	0.000 5
中	1	0.004
大	5	0.009
用户	自定义	自定义

（5）手动操纵的快捷按钮和快捷菜单

示教器手动操纵的快捷按钮，如图 3-31 所示。

① 点击右下角快捷菜单按钮。

② 点击"手动操纵"按钮。

③ 点击"显示详情"按钮，各种手动操纵的快捷图标显示在界面中，如图 3-32 所示。

A—机器人 / 外轴的切换；
B—线性运动 / 重定位运动的切换；
C—关节运动轴 1-3/ 轴 4-6 的切换；D—增量开 / 关。

图 3-31 示教器手动操纵的快捷按钮

A—选择当前使用的工具数据；B—选择当前使用的工件坐标；C—操纵杆速率；
D—增量开/关；E—坐标系选择；F—动作模式选择。

图 3-32　手动操纵的快捷图标

④ 点击"增量模式"按钮，选择需要的增量。

⑤ 自定义增量值的方法：首先选择"用户模块"，然后点击"显示值"按钮，就可以进行增量值的自定义了。增量的选择和设定如图 3-33 所示。

图 3-33　增量的选择和设定

视　频

增量模式的
使用

二、常用编程指令应用

RAPID 是一种基于计算机的高级编程语言，易学易用，灵活性强。支持二次开发、中断、错误处理、多任务处理等高级功能。RAPID 程序中包含了一连串控制机器人的指令，执行这些指令可以实现对机器人的控制操作。

应用程序是使用称为 RAPID 编程语言的特定词汇和语法编写而成的。所包含的指令可以移动机器人、设置输出、读取输入，还能实现决策、重复其他指令、构造程序、与系统操作员交流等功能。

1. 认识任务、程序模块和例行程序

一个 RAPID 程序称为一个任务，一个任务是由一系列的模块组成的。包括程序模块与系统模块。一般地，只通过新建程序模块来构建机器人的程序，而系统模块多用于系统方面的控制之用。

可以根据不同的用途创建多个程序模块，如专门用于主控制的程序模块、用于位置计算的程序模块、用于存放数据的程序模块，这样做的目的在于方便归类管理不同用途的例行程序与数据。

每一个程序模块包含了程序数据、例行程序、中断程序和功能四种对象，但不一定在一个模块都有这四种对象的存在，程序模块之间的数据、例行程序、中断程序和功能是可以互相调用的。

在 RAPID 程序中，只有一个主程序 main，可存在于任意一个程序模块中，并且作为整个 RAPID 程序执行的起点。RAPID 程序的基本架构见表 3-2。

表 3-2 RAPID 程序的基本架构

RAPID 程序（任务）			
程序模块 1	程序模块 2	程序模块 3	系统模块
程序数据	程序数据	……	程序数据
主程序 main	例行程序	……	例行程序
例行程序	中断程序	……	中断程序
中断程序	功能	……	功能
功能		……	

2. ABB 机器人程序数据

程序数据是在程序模块或系统模块中设定值和定义一些环境数据。创建的程序数据由同一个模块或其他模块中的指令进行引用。程序数据的建立一般可以分为两种形式：一种是直接在示教器中的程序数据画面中建立程序数据，另一种是在建立程序指令时，同时自动生成对应的程序数据。

ABB 机器人的程序数据共有 100 个左右，并且可以根据实际情况进行程序数据的创建，为 ABB 机器人的程序设计带来了无限的可能。以下就一些常用的程序数据进行说明，为下一步程序编程做好准备。

（1）程序数据的存储类型

① 变量 VAR。变量型数据在程序执行的过程中和停止时，会保持当前的值。但如果程序指针复位或者机器人控制器重启，数值会恢复为声明变量时赋予的初始值。

举例说明如下：

VAR num length := 0; 名称为 length 的变量型数值数据
VAR string name := "Tom"; 名称为 name 的变量型字符数据
VAR bool finished := FALSE; 名称为 finished 的变量型布尔量数据

② 可变量 PERS。无论程序的指针如何变化，无论机器人控制器是否重启，可变量型的数据都会保持最后赋予的值。

举例说明如下：

PERS num numb := 1; 名称为 numb 的数值数据
PERS string text := "Hello"; 名称为 text 的字符数据

③ 常量 CONST。常量的特点是在定义时已赋予了数值，并不能在程序中进行修改，只能手动修改。

举例说明如下：

CONST num gravity := 9.81; 名称为 gravity 的数值数据
CONST string greating := "Hello"; 名称为 greating 的字符数据

（2）常用程序数据

① 数值数据 num。num 用于存储数值数据，例如计数器。num 数据类型的值可以为整数，例如，-5；可以为小数，例如，3.45；也可以是指数的形式写入，例如，2E3（= 2*10^3 = 2000），2.5E-2（= 0.025）。

整数数值，始终将在 -8 388 607 与 +8 388 608 之间的整数作为准确的整数存储，小数数值仅为近似数字。因此，不得用于等于或不等于对比，若为使用小数的除法和运算，则结果亦将为小数。

② 逻辑值数据 bool。bool 用于存储逻辑值（真/假）数据，即 bool 型数据值可以为 TRUE 或 FALSE。

③ 字符串数据 string。string 用于存储字符串数据。字符串是由一串前后附有引号（""）的字符（最多 80 个）组成，例如，"This is a character string"。

如果字符串中包括反斜线（\），则必须写两个反斜线符号，例如，"This string contains a \\ character"。

④ 位置数据 robtarget。robtarget（robot target）用于存储机器人和附加轴的位置数据。位置数据的内容是在运动指令中机器人和外轴将要移动到的位置。

⑤ 关节位置数据 jointtarget。jointtarget 用于存储机器人和附加轴的每个单独轴的角度位置。通过 moveabsj 可以使机器人和附加轴运动到 jointtarget 关节位置处。

⑥ 速度数据 speeddata。speeddata 用于存储机器人和附加轴运动时的速度数据。速度数据定义了工具中心点移动时的速度、工具的重定位速度、线性或旋转外轴移动时的速度。

⑦ 转角区域数据 zonedata。zonedata 用于规定如何结束一个位置，也就是在朝下一个位置移动之前，机器人必须如何接近编程位置。可以以停止点或飞越点的形式来终止一个位置。停止点意味着机械臂和外轴必须在使用下一个指令来继续程序执行之前达到指定位置（静止不动），飞越点意味着从未达到编程位置，而是在达到该位置之前改变运动方向。

⑧ 工具数据 tooldata。工具数据 tooldata 是用于描述安装在机器人第六轴上的工具的 TCP、重量、重心等参数数据。

不同的机器人应用就可能配置不同的工具，比如弧焊机器人就使用弧焊枪作为工具，而用于搬运板材的机器人就会使用吸盘式的夹具作为工具，默认工具（tool0）的工具中心点位于机器人安装法兰的中心。

⑨ 工件坐标数据 wobjdata。工件坐标数据定义了工件相对于大地坐标系（或其他坐标系）的位置。机器人可以拥有若干工件坐标系，或者表示不同工件，或者表示同一工件在不同位置的

若干副本。

⑩ 有效载荷数据 loaddata。loaddata 用于设置机器人轴 6 上安装法兰的负载载荷数据。载荷数据常常定义机器人的有效负载或抓取物的负载，即机器人夹具所夹持的负载。同时将 loaddata 作为 tooldata 的组成部分，以描述工具负载。

3. 常用 RAPID 编程指令

ABB 机器人的 RAPID 编程提供了丰富的指令来完成各种简单与复杂的应用。下面从最常用的指令开始学习 RAPID 编程，领略 RAPID 丰富的指令集为用户提供的编程便利性。下面先来看看在示教器进行指令编辑的基本操作。

① 点击左上角主菜单按钮。

② 选择"程序编辑器"。

③ 点击"取消"按钮，如图 3-34 所示。

图 3-34 进入程序编辑器

④ 点击左下角文件菜单里的"新建模块"。

⑤ 设定模块名称（这里就使用默认名称 Module1），点击"确定"按钮，如图 3-35 所示。

图 3-35 新建模块

⑥ 选中 Module1，点击"显示模块"按钮。

⑦ 点击"例行程序"，如图 3-36 所示。

图 3-36 选择"例行程序"

⑧ 点击左下角文件菜单里的"新建例行程序"。
⑨ 设定例行程序名称(这里就使用默认名称 Routine1),点击"确定"按钮,如图 3-37 所示。

图 3-37 新建"例行程序"

⑩ 选中 Routine1,点击"显示例行程序"按钮。
⑪ 选中要插入指令的程序位置,高显为蓝色。
⑫ 点击"添加指令"按钮,打开指令列表,此时就可以添加各种指令,如图 3-38 所示。

图 3-38 在例行程序中添加指令

1）赋值指令 :=

":=" 赋值指令用于对程序数据进行赋值。赋值可以是一个常量或数学表达式。下面以添加一个常量赋值与数学表达式赋值说明此指令的使用。

常量赋值：reg1 := 5。

数学表达式赋值：reg2 := reg1+4。

（1）添加常量赋值指令的操作

① 在指令列表中选择":="。

② 点击"更改数据类型"按钮，选择 num 数字型数据，如图 3-39 所示。

③ 在列表中找到"num"并选中，然后点击"确定"按钮，如图 3-40 所示。

图 3-39　更改数据类型　　　　图 3-40　选择 num 数字型数据

④ 选中"reg1"，如图 3-41 所示。

⑤ 选中"<EXP>"并以蓝色高亮显示。

⑥ 打开"编辑"菜单，选择"仅限选定内容"命令，如图 3-42 所示。

图 3-41　选中"reg1"　　　　图 3-42　选择"仅限选定内容"命令

⑦ 通过软键盘输入数字"5"，然后点击"确定"按钮。

⑧ 在这里就能看到所增加的指令，如图 3-43 所示。

（2）添加带数学表达式的赋值指令的操作

① 在指令列表中选择":="。

② 选中"reg2"。
③ 选中"<EXP>"并以蓝色高亮显示。
④ 选中"reg1",如图 3-44 所示。

图 3-43　添加常量赋值指令结果

图 3-44　选中"reg2"和"reg1"

⑤ 点击"+"按钮。
⑥ 选中"<EXP>"并以蓝色高亮显示。
⑦ 打开"编辑"菜单,选择"仅限选定内容"命令,如图 3-45 所示。
⑧ 通过软键盘输入数字"4",然后点击"确定"按钮。
⑨ 点击"下方"。
⑩ 添加指令成功,如图 3-46 所示。

图 3-45　选择"仅限选定内容"命令

图 3-46　添加带数学表达式的赋值指令成功

2）线性运动指令 MoveL

机器人在空间中进行运动主要是四种方式,关节运动(MoveJ)、线性运动(MoveL)、圆弧运动(MoveC)和绝对位置运动(MoveAbsJ)。

线性运动指令为 MoveL。线性运动是机器人的 TCP 从起点到终点之间的路径始终保持为直线,一般如焊接、涂胶等应用对路径要求高的场合使用此指令。线性运动路径示意图如图 3-47 所示。

图 3-47　线性运动路径示意图

添加线性运动指令 MoveL 的操作如下：

① 选中 <SMT> 为添加指令的位置。

② 在指令列表中选择 MoveL，如图 3-48 所示。

图 3-48　添加线性运动指令 MoveL

③ 选中 * 号并以蓝色高亮显示，再单击 * 号。

④ 点击"新建"按钮，如图 3-49 所示。

图 3-49　新建目标点

⑤ 对目标点数据属性进行设定后，点击"确定"按钮。

⑥ * 号已经被 p10 目标点变量代替。

⑦ 点击"确定"按钮，如图 3-50 所示。

图 3-50　设定目标点为 p10

⑧点击"添加指令"按钮，将指令列表收起来。

⑨点击"减号"，则可以看到整条运动指令。

⑩选中 p10，点击"修改位置"，则 p10 将存储工具 tool1 在工件坐标系 wobj1 中的位置信息，如图 3-51 所示。

图 3-51　修改点 p10 位置

指令解析见表 3-3。

表 3-3　线性运动指令 MoveL 指令解析

参　数	含　义
p10	目标点位置数据。定义当前机器人 TCP 在工件坐标系中的位置，通过单击"修改位置"进行修改
v1000	运动速度数据，1 000 mm/s。定义速度（mm/s）
z50	转角区域数据。定义转弯区的大小，单位为 mm
tool1	工具数据。定义当前指令使用的工具坐标
wobj1	工件坐标数据。定义当前指令使用的工件坐标

3）关节运动指令 MoveJ

关节运动指令 MoveJ 是在对路径精度要求不高的情况，机器人的 TCP 从一个位置移动到另一个位置，两个位置之间的路径不一定是直线。

关节运动指令适合机器人大范围运动时使用，不容易在运动过程中出现关节轴进入机械死点的问题。关节运动路径如图 3-52 所示。

图 3-52 关节运动路径

下面来看看 MoveL 和 MoveJ 指令的实际使用例子。

指令：MoveL p1, v200, z10, tool1\Wobj:=wobj1

机器人的 TCP 从当前位置向 p1 点（见图 3-53）以线性运动方式前进，速度是 200 mm/s，转弯区数据是 10 mm，距离 p1 点还有 10 mm 的时候开始转弯，使用的工具数据是 tool1，工件坐标数据是 wobj1。

指令：MoveL p2, v100, fine, tool1\Wobj:=wobj1

机器人的 TCP 从 p1 向 p2 点（见图 3-53）以线性运动方式前进，速度是 100 mm/s，转弯区数据是 fine，机器人在 p2 点稍作停顿，使用的工具数据是 tool1，工件坐标数据是 wobj1。

指令：MoveJ p3, v500, fine, tool1\Wobj:=wobj1

机器人的 TCP 从 p2 向 p3 点（见图 3-53）以关节运动方式前进，速度是 100 mm/s，转弯区数据是 fine，机器人在 p3 点停止，使用的工具数据是 tool1，工件坐标数据是 wobj1。

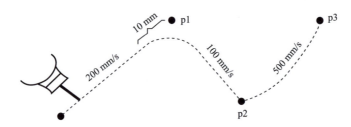

图 3-53 机器人运动路径

fine 指机器人 TCP 达到目标点，在目标点速度降为零，机器人动作有所停顿然后再向下运动。如果是一段路径的最后一个点，一定要为 fine。转弯区数值越大，机器人的动作路径就越圆滑与流畅。

4）圆弧运动指令 MoveC

圆弧路径是在机器人可到达的空间范围内定义三个位置点，第一个点是圆弧的起点，第二个点用于圆弧的曲率，第三个点是圆弧的终点，如图 3-54 所示。

图 3-54 机器人圆弧路径

圆弧运动指令的编程示例如图 3-55 所示。

图 3-55 圆弧运动指令的编程示例

指令解析见表 3-4。

表 3-4 圆弧运动指令 Move C 解析

参数	含义	参数	含义
p10	圆弧的第一个点	p40	圆弧的第三个点
p30	圆弧的第二个点	wobj1	工件坐标数据,定义当前指令使用的工件坐标

5)绝对位置运动指令 MoveAbsJ

绝对位置运动指令是机器人的运动使用六个轴和外轴的角度值来定义目标位置数据。MoveAbsJ 常用于机器人六个轴回到机械零点(0°)的位置。编程示例如图 3-56 所示。

6)I/O 控制指令

I/O 控制指令用于控制 I/O 信号,以达到与机器人周边设备进行通信的目的。

(1)Set 数字信号置位指令

Set 数字信号置位指令用于将数字输出(Digital Output)置位为"1",编程示例如图 3-57 所示。

图 3-56　绝对位置运动指令编程示例　　　　图 3-57　Set 置位指令编程示例

（2）Reset 数字信号复位指令

Reset 数字信号复位指令用于将数字输出（Digital Output）置位为"0"，编程示例如图 3-58 所示。

如果在 Set、Reset 指令前有运动指令 MoveJ、MoveL、MoveC、MoveAbsJ，转弯区数据必须使用 fine 才可以准确到达目标点后输出 I/O 信号状态的变化。

（3）WaitDI 数字输入信号判断指令

WaitDI 数字输入信号判断指令用于判断数字输入信号的值是否与目标的一致。编程示例如图 3-59 所示。

图 3-58　Reset 复位指令编程示例　　　　图 3-59　WaitDI 数字输入信号判断指令编程示例

在例子中，程序执行此指令时，等待 di1 的值为 1。为 1 的话，则程序继续往下执行，如果到达最大等待时间 300 s（此时间可根据实际进行设定）以后，di1 的值还不为 1，则机器人报警或进入出错处理程序。

（4）WaitUntil 信号判断指令

WaitUntil 信号判断指令可用于布尔量、数字量和 I/O 信号值的判断。如果条件到达指令中的设定值，程序继续往下执行，否则就一直等待，除非设定了最大等待时间。编程示例如图 3-60 所示。

7）逻辑判断指令

条件逻辑判断指令是用于对条件进行判断后，执行相应的操作，是 RAPID 中重要的组成部分。

（1）Compact IF 紧凑型条件判断指令

Compact IF 紧凑型条件判断指令用于当一个条件满足了以后，就执行一句指令。编程示例如图 3-61 所示。

图 3-60　WaitUntil 信号判断指令编程示例

图 3-61　Compact IF 紧凑型条件判断指令编程示例

在例子中，程序执行此指令时，如果 flag1 的状态为 TRUE，则 do1 被置位为 1。

（2）IF 条件判断指令

IF 条件判断指令，就是根据不同的条件去执行不同的指令。条件判断的条件数量可以根据实际情况进行增加与减少。编程示例如图 3-62 所示。

在例子中，如果 num1 为 1，则 flag1 会赋值为 TRUE；如果 num1 为 2，则 flag1 会赋值为 FALSE。除了以上两种条件之外，则执行 do1 置位为 1。

（3）FOR 重复执行判断指令

FOR 重复执行判断指令用于一个或多个指令需要重复执行数次的情况。编程示例如图 3-63 所示。

图 3-62　IF 条件判断指令编程示例

图 3-63　FOR 重复执行判断指令编程示例

在例子中，例行程序 Routine1，重复执行 10 次。

（4）WHILE 条件判断指令

WHILE 条件判断指令用于在给定的条件满足的情况下，一直重复执行对应的指令。编程示例如图 3-64 所示。

在例子中，当 num1>num2 的条件满足的情况下，就一直执行 num1:=num1-1 的操作。

8）时间等待指令 WaitTime

时间等待指令 WaitTime 用于程序在等待一个指定的时间以后，再继续向下执行。编程示例如图 3-65 所示。等待 4 s 以后，程序向下执行 Reset do1 指令。

图 3-64　WHILE 条件判断指令编程示例

图 3-65　WaitTime 时间等待指令编程示例

9）ProcCall 调用例行程序指令

通过使用此指令在指定的位置调用例行程序。编程过程如下：

① 选中 <SMT> 为要调用例行程序的位置。

② 在指令列表中选择 ProcCall 指令，如图 3-66 所示。

③ 选中要调用的例行程序 Routine1，然后单击"确定"按钮，如图 3-67 所示。

图 3-66　选择 ProcCall 指令

图 3-67　选中要调用的例行程序 Routine1

④ 调用例行程序指令执行的结果，如图 3-68 所示。

10）RETURN 返回例行程序指令

当此指令被执行时，则马上结束本例行程序的执行，返回程序指针到调用此例行程序的位置。编程示例如图 3-69 所示。

项目三 工业机器人技术

图 3-68 调用例行程序指令的执行结果

图 3-69 RETURN 返回例行程序指令编程示例

在例子中，当 di1=1 时，执行 RETURN 指令，程序指针返回到调用 Routine2 的位置并继续向下执行 Set do1 这个指令。

三、积木搬运程序设计

下面通过积木搬运的实例，体验一下 ABB 机器人便捷的程序编辑。

任务要求：编写一段机器人程序控制机械手从起点位置到指定位置将积木从实训平台槽中搬运至平台右边的一个槽中。要求按照默认的坐标系编程，机器人运行速度和转弯区数据按默认的数据编程，编程结束后进行单步和自动程序调试。

先新建一个模块 Module1，在模块中再新建一个例行程序 Routine2，在新建的例行程序中添加指令进行编程，这些在前面已经详细讲解过，这里不再赘述，编写好的程序如图 3-70 所示。

视频

积木搬运程序编写过程

指令讲解如下：先应用 MoveJ 指令定好机械手的起点，然后同样应用 MoveJ 指令控制机械手经过第二个点运动到积木的正上方第三个点，接着应用 MoveL 指令控制机械手移动到机械手爪夹紧的位置，然后等待 1 s，机械手爪夹紧积木，再等待 1 s，应用 MoveL 指令控制机械手夹着积木向上移动至第五个点，然后移动至右边槽正上方的第六个点，再向下移动至第七个点，等待 1 s，松开夹爪，再等待 1 s，再应用 MoveJ 指令控制机械手回到起点位置。

接下来确定各个点的位置，让机械手按照确定的位置运动。选择线性动作模式，使用摇杆将机器人机械手移动到起点位置，选中"a1"目标点，点击"修改位置"，将机器人的当前位置数据记录到 a1 里，以同样的方式修改好其他六个点的位置，机械手各个点的位置如图 3-71 所示。

图 3-70 积木搬运程序

111

修改积木搬运轨迹各个点位置

图 3-71　机械手各个点位置

在完成了程序的编辑以后，接着下来的工作就是对这个程序进行调试，调试的目的有以下两个：

① 检查程序的位置点是否正确。

② 检查程序的逻辑控制是否有不完善的地方。

程序具体调试过程如下：

① 打开"调试"菜单，选择"PP 移至例行程序"，如图 3-72 所示。

② 选中 Routine2 例行程序，然后点击"确定"按钮，如图 3-73 所示。

图 3-72　程序调试界面　　　　　　图 3-73　选中 Routine2 例行程序

③ PP 是程序指针（左侧小箭头）的简称，程序指针永远指向将要执行的指令，所以图中的指令将会是被执行的指令，如图 3-74 所示。

④ 左手按下使能键，进入"电机开启"状态。

⑤ 按一下"单步运行"按钮，并小心观察机器人的移动。示教器调试按钮如图 3-75 所示，

最右端的按钮是单步运行按钮,最左端的按钮是返回上一条指令按钮,最上端的按钮是自动运行按钮,最下端的按钮是停止按钮。

图 3-74　第一行程序左侧的程序指针(左侧小箭头)　　图 3-75　示教器调试按钮

⑥ 在指令左侧出现一个小机器人,说明机器人已到达 a1 这个起点位置,如图 3-76 所示。

视　频

积木搬运程序调试

图 3-76　程序执行过程中机器人所在位置

每按一次单步运行按钮,机器人就执行一条程序。机器人将按照编写的程序一步一步运行,此时可以观察机器人的运行情况。若单步运行没有问题,则可以按下自动运行按钮,机器人将按照程序自动运行,直到按下停止按钮,机器人才停止运行。

选中要调试的指令后,使用"PP 移至光标"功能,可以将程序指针移至想要执行的指令进行执行,方便程序的调试。此功能只能将 PP 在同一个例行程序中跳转。如要将 PP 移至其他例行程序,可使用"PP 移至例行程序"功能。

任务三　矩形轨迹的移动

素养园地

通过叙述一些工匠大师积极投身国家建设的事迹，鼓励学生认真学习，回报祖国，增强他们的爱国情怀。通过工业机器人的案例，让学生体会在实际工业机器人的工作过程中的职业规范和职业态度，注重培养学生的爱岗敬业的精神。加强对学生的安全教育，让学生时刻保持安全意识，培养学生应对安全事故的良好心态。

任务目标

1. 知识目标
① 掌握工具坐标的建立。
② 掌握工件坐标的建立。
③ 掌握机器人抓取工具沿矩形轨迹移动程序的编写。

2. 能力目标
① 通过工业机器人相关知识的学习，能在线性模式下通过示教器熟练操作机器人。
② 能够熟练掌握四点法工具坐标系和三点法工件坐标系的建立。
③ 熟悉 MoveJ、MoveL 等常用指令的应用。
④ 能够掌握编程控制机器人抓取工具沿矩形轨迹移动。
⑤ 能进行程序的调试运行。

3. 素质目标
① 增强工科素养。
② 培养团队协作能力、操作规范性和良好的组织纪律性。

任务描述

通过示教器建立工具坐标系和工件坐标系，在创建的工具坐标系和工件坐标系下编写程序控制机器人机械手抓取工具沿矩形轨迹移动。

任务实现

一、坐标系的建立

1. 坐标系简介

（1）基坐标系

基坐标系在机器人基座中有相应的零点，这使固定安装的机器人的移动具有可预测性。因此，它对于将机器人从一个位置移动到另一个位置很有帮助。机器人基坐标系如图 3-77 所示。

（2）大地坐标系

大地坐标系在工作单元或工作站中的固定位置有其相应的零点。这有助于处理若干个机器人或由外轴

图 3-77　机器人基坐标系

移动的机器人。在默认情况下，大地坐标系与基坐标系是一致的。机器人大地坐标系如图3-78所示。

A—机器人1的基坐标系；B—大地坐标系；C—机器人2的基坐标系。

图 3-78　机器人大地坐标系

（3）工具坐标系

工具坐标系将工具中心点（TCP）设为零位，由此定义工具的位置和方向。执行程序时，机器人就是将 TCP 移至编程位置，这意味着，如果要更改工具坐标系，机器人的移动将随之更改，以便新的 TCP 到达目标。所有机器人在手腕处都有一个预定义工具坐标系，该坐标系被称为 tool0。这样就能将一个或多个新工具坐标系定义为 tool0 的偏移值。机器人工具坐标系如图3-79所示。

（4）工件坐标系

工件坐标系是拥有特定附加属性的坐标系。它主要用于简化编程。工件坐标系拥有两个框架：用户框架（与大地基座相关）和工件框架（与用户框架相关）。机器人工件坐标系如图3-80所示。

图 3-79　机器人工具坐标系

图 3-80　机器人工件坐标系

2. 工具坐标系创建

在轨迹应用中，常使用带有尖端的工具。一般情况下，将工具坐标系原点及 TCP 设立在工具尖端，例如在本实训台中，机械手夹紧的工具如图 3-81 所示。

接下来，创建工具坐标系 toolpath，其原点位于当前工具尖端；然后，需要在工作站中确定一个固定参考点作为标定参考，在本任务中可以直接使用实训台上面的定位销尖点，如图 3-82 所示。

图 3-81 机械手夹紧的工具

图 3-82 实训台定位销尖点

在手动操纵窗口中，创建一个工具坐标系数据，名称为 toolpath，然后在定义界面中，将方法设定为 TCP，点数默认为 4，然后利用上文中提及的固定参考点进行标记。工具坐标系的定义如图 3-83 所示。

图 3-83 工具坐标系的定义

TCP 标定点的数量是可以自定义的。点击点数框中的下拉键，可以从 3～9 中进行选择，标定点数越多，越容易标定出较为准确的 TCP。

标定点的姿态选取应尽量差异大一些，这样才容易标定出较为准确的 TCP。在标定过程中，为了便于后续标定工具坐标系方向，一般将最后一个 TCP 标定点调整至工具末端完全竖直的姿态，所以在本任务中四个标定点设为如图 3-84 所示的姿态。

图 3-84 TCP 标定点位置

修改完四个点的位置后各点状态显示如图 3-85 所示。点击"确定"按钮完成工具坐标的定义。

图 3-85 工具坐标各个点状态显示

3. 工件坐标系创建

轨迹应用一般都需要根据实际工件位置设置工件坐标系,这样便于后续的操作和编程处理。在手动操作窗口中创建一个工件坐标系 wobjpath,然后利用用户三点法进行标定,在本任务中可以利用实训台上斜面的边缘来标定 X1、X2、Y1 三点,X1、X2 确定工件坐标 X 正方向,Y1 确定工件坐标 Y 正方向,工件坐标系的原点是 Y1 在工件坐标 X 上的投影,工件坐标符合右手定则,如图3-86所示，X1、X2、Y1三点的位置如图3-87所示。

视 频
创建工件坐标系

图3-86 工件坐标右手定则

图3-87 工件坐标系标定三点位置

修改完用户点X1、X2、Y1三个点的位置后，各点状态显示如图3-88所示。点击"确定"按钮完成工件坐标的定义。

二、矩形轨迹的移动程序设计

任务要求：编写一段机器人程序控制机械手抓着指定工具从实训台斜面上矩形框上方的起点位置移动到矩形框的一个角点，然后沿着矩形框的直角边移动一周，再回到起点位置。要求新建一个工具坐标系和工件坐标系，机器人运行速度和转弯区数据按默认的数据编程，编程结束后进行单步和自动程序调试。

图3-88 工件坐标各点状态显示

新建一个工具坐标系，命名为toolpath，再新建一个工件坐标系，命名为wobjpath，方法在前面已经详细叙述，这里不再赘述。

在添加运动指令之前，首先需要在手动操纵界面里面确认好当前激活的工具坐标系和工件坐标系，在本任务中工具坐标系设置为toolpath，工件坐标系设置为wobjpath，如图3-89所示。

新建一个模块 Module1，在模块中再新建一个例行程序 Routine3，在新建的例行程序中添加指令进行编程，编写好的程序如图 3-90 所示。

图 3-89　工具坐标和工件坐标的选定

图 3-90　矩形轨迹移动程序

指令讲解如下：先应用 MoveJ 指令定好机械手抓取的工具尖端起点，然后应用 MoveJ 指令控制机械手工具的尖端到达矩形框的第一个角点，接着应用 MoveL 指令控制机械手工具尖端沿着矩形框移动到第二、第三和第四个角点，最后再应用 MoveL 指令控制机械手回到起点位置，由于是最后一个点，将转弯区数据设置为 fine。

程序编写好后，接下来确定各个点的位置，让机械手按照确定的位置运动。选择线性动作模式，使用摇杆将机器人运动到起点位置，选中 b1 目标点，点击"修改位置"，将机器人的当前位置数据记录到 b1 里，以同样的方式修改好其他四个点的位置，机械手工具沿矩形框轨迹移动各个点的位置如图 3-91 所示。

视　频

修改矩形轨迹移动各个点位置

图 3-91　机械手工具轨迹移动各点位置

在完成了程序的编辑以后，接着下来的工作就是对这个程序进行调试。

① 打开"调试"菜单，选择"PP 移至例行程序"。
② 选中"Routine3"例行程序，然后点击"确定"按钮。
③ 程序指针永远指向将要执行的指令。
④ 左手按下使能键，进入"电机开启"状态。
⑤ 按一下"单步向前"按键，并小心观察机器人的移动。
⑥ 在指令左侧出现一个小机器人，说明机器人已到达 b1 这个起点位置。

视 频
矩形轨迹移动程序调试

每按一次单步运行按钮机器人就执行一条程序，机器人将按照编写的程序一步一步运行，此时可以观察机器人的运行情况。若单步运行没有问题，则可以按下自动运行按钮，机器人将按照程序自动运行，直到按下停止按钮，机器人才停止运行。

巩固与练习

一、填空题

1. 工业机器人是广泛用于工业领域的_____或_____装置，具有一定的自动性，可依靠自身的动力能源和控制能力实现各种工业加工制造功能。
2. 一般来说，工业机器人由三大部分六个子系统组成。三大部分是_____、_____和_____。六个子系统可分为_____、_____、_____、_____、_____和_____。
3. 一个程序模块包含了_____、_____、_____和_____四种对象。
4. ABB 工业机器人有_____、_____、_____、_____四种坐标系。

二、选择题

1. 手动操作机器人一共有三种模式，下面（　　）不属于这三种运动模式。
   A. 单轴运动　　B. 线性运动　　C. 圆弧运动　　D. 重定位运动
2. 手动操作机器人的时候，机器人的速度与操纵杆的（　　）有关。
   A. 幅度　　B. 大小　　C. 颜色　　D. 方向
3. 下面四个运动指令，（　　）运动指令一定走的是直线。
   A. MoveJ　　B. MoveL　　C. MoveC　　D. MoveAbsJ
4. WaitTime 4，其中 4 指的是（　　）。
   A. 4 s　　B. 4 min　　C. 4 h　　D. 无意义

三、思考题

1. 工业机器人的常见结构有哪些？分别应用在哪些领域？
2. 简述 ABB 工业机器人单轴运动和线性运动的手动操纵过程。
3. 简述 ABB 工业机器人增量模式的操作过程。
4. 简述 ABB 工业机器人工具坐标系和工件坐标系的创建过程。

四、编程题

1. 新建一个例行程序，并在程序中添加一条 reg1:= reg1＋2 的赋值指令。
2. 新建一个例行程序，并在程序中添加一条移动到 p20、p30 位置点的圆弧运动指令。

项目四 增材制造技术

增材制造简称 3D 打印，是一种快速成型技术，融合了计算机辅助设计和材料成型技术，以 3D 数字模型文件为基础，通过软件与数控系统将专用的金属材料、非金属材料及医用生物材料，按照挤压、烧结、熔融、光固化、喷射等方式逐层堆积，制造出实体物品的加工技术。与传统加工不同，增材制造技术大幅节约原材料在去除、切削和再加工过程中的消耗，并且可以不受传统加工工艺的限制，在产品设计环节进行优化或自由重塑，极大地降低了后续工艺流程的工作难度和时间损耗。增材制造技术融合了 IT、先进材料、智能制造等多种技术，被认为是制造业最具颠覆性和代表性的新兴技术之一，代表着高端制造的发展方向。

任务一　3D 打印世界探秘

 素养园地

要以智能制造为主攻方向推动产业技术变革和优化升级，推动制造业产业模式和企业形态根本性转变，以"鼎新"带动"革故"，以增量带动存量，促进我国产业迈向全球价值链中高端。

 任务目标

1. 知识目标
① 掌握 3D 打印技术发展背景及特点。
② 理解增材制造技术与减材加工的区别。
③ 熟悉 3D 打印技术与 3D 打印机分类与 3D 打印原理。
④ 了解 3D 打印优势与应用范围。

2. 能力目标
① 通过 3D 打印相关知识的学习，分析桌面级 3D 打印机的整体结构及各零件作用。
② 根据零件特征判断成型方式，熟悉 3D 打印原理及注意事项。
③ 能运用所学知识解释 3D 打印在生活中的实施案例。

3. 素质目标
① 增强工科素养和实践能力。
② 培养操作规范性、团队协作能力和良好的组织纪律性。

任务描述

了解减材制造与增材制造的特征及应用,认知 3D 打印降维制造的理念及优点,熟悉桌面级单色 3D 打印机的结构特征和打印特征。

任务实现

一、减材制造简述

传统的制造加工工艺,又称为减材制造工艺,车、铣、刨、磨是四种基本的加工方式,包括车削加工、铣削加工、刨削加工、磨削加工,不同零件所需的加工方式不同,有的零件需使用多种方式才可完成零件的加工。由于这种加工工艺是将多余的材料从工件中削除,被削除的材料为废料,因此称为减材制造工艺。减材制造工艺包括车削加工(见图 4-1)、铣削加工(见图 4-2)和磨削加工(见图 4-3)。

图 4-1 车削加工

图 4-2 铣削加工

图 4-3 磨削加工

二、增材制造技术概述

1. 3D 打印简介

3D 打印起源于 20 世纪 80 年代末至 90 年代初,是快速成型技术的一种。它是一种以 3D 数字模型文件［模型来源：三维设计软件（3D One、Pro/E、UG、SolidWorks）、网络下载和逆向工程技术（反求）］为基础，运用粉末状金属（钛合金粉）或塑料（聚乳酸 PLA、ABS）等可粘合材料，通过逐层打印的方式来构造物体的技术。图 4-4 是 3D 打印机及多色耗材。

图 4-4　3D 打印机及多色耗材

哈佛大学是目前世界上研究 3D 打印技术最先进的高校，研究团队已成功开发出壁厚为 100 nm 的中空网状结构材料，其质量比蒲公英还轻巧。此外，3D 打印也可以打印人的血管、心脏、肝脏、人造耳蜗、义肢等，如图 4-5 所示。

图 4-5　3D 打印肝脏细胞

2. 3D 打印原理

3D 打印工作原理和传统打印机打印原理相似，包括数字化模型设计、切片、逐层堆积、层间粘合、重复堆积等，如图 4-6 所示。

（1）数字化模型设计

首先进行数字化模型建模，借助计算机辅助设计（CAD）软件创建，也可以通过 3D 扫描仪扫描实物物体获取点云数据后生成模型。CAD 软件允许用户在计算机上创建、编辑和优化三维模型，这些模型可以代表任何形状和大小的物体。

（2）切片

数字化模型建模完成后，借助辅助软件将其逐层切割成薄薄的片层，即切片。这些切片通常非常薄，可以是数十到数百微米的厚度，每一层代表了打印机需要构建单层物体的横截面。

图 4-6　3D 打印步骤

（3）逐层堆积

3D 打印机按照这些切片逐层堆积材料来构建物体。根据不同的打印技术，这些材料可以是粉末、塑料线材和树脂等。打印机根据数字模型的每一层信息，控制喷嘴、激光束或其他机械部件，将材料精确地堆积在预设定的位置上。

（4）层间粘合

每一层材料在堆积后需要与下一层进行粘合，以确保整个物体的结构完整性。通过材料的熔化、固化或粘合来完成，不同打印技术具有不同的层间粘合方式。

（5）重复堆积

打印机重复逐层堆积的过程，直到所有层次堆积完成，形成最终的三维物体。

这种逐层堆积的方法可以制造出非常复杂的形状和结构，使得 3D 打印成为一种非常灵活和创新的制造技术。它能够快速、精确地制造出个性化的产品或复杂的零件，并在制造、医疗、航空航天等领域中得到广泛应用。

一般地，使用 CAD 软件来创建物品，或者基于现有模型，通过 SD 卡或者 USB 优盘把它复制到 3D 打印机中，进行打印设置后，打印机将设计模型打印出来，如图 4-7 所示。

图 4-7　3D 打印原理

整体来说，3D 打印是一种"降维制造"的思想，即将三维的电子模型转化为二维层片后，进行分层制造，再通过逐层累积，形成三维实体。图 4-8 所示为 3D 打印流程，主要步骤包括 3D 数字模型造型、*.STL 文件格式生成等，利用切片软件（Cura 或者 Simplify 3D）将模型分层切片，导入 3D 打印机进行打印，最后对打印产品进行后置处理。

图 4-8　3D 打印流程

图 4-9 是熔融沉积 3D 打印机架构图，是由打印机控制面板、计算机、驱动电动机、塑料耗材等架构组成的。3D 打印机主要是打印前在计算机上设计一个完整的三维立体模型，然后再进行打印输出。表 4-1 为打印耗材特性。

图 4-9　熔融沉积 3D 打印机架构图

表 4-1　打印耗材特性

特性	内容	特性	内容
材料	热塑性材料：PLA/PC/ABS	精度	低（0.2~0.3 mm）
型材	丝状（1.75 mm 或 3 mm）	速度	快
工艺	加热熔化挤出空气冷却	成本	低
应用	艺术、工业设计、玩具模型制作		

3. 3D 打印流程

3D 打印流程分为三部分：

（1）三维设计

3D 打印的设计过程：先通过计算机辅助设计（CAD）软件或计算机动画建模软件建模，再将建成的三维模型"分割"成切片截面，从而通过打印机逐层打印。设计软件和打印机之间协作的标准文件格式是 STL，STL 文件使用三角面来模拟物体的表面。三角面越小，其生成的表面分辨率越高。PLY 是一种通过扫描来产生三维文件的扫描器，其生成的 VRML 或者 WRL 文件经常被用作全彩打印的输入文件。

① CAD/CAM 软件建模。采用三维软件（3D One、UG、Pro/E、SolidWorks、Solid Edge 等）

对需要塑造的物体进行建模,如图 4-10 所示。

图 4-10　CAD/CAM 建模软件界面

② 三维扫描反求建模。采用扫描仪(桌面扫描仪、工业扫描仪)对模型进行扫描,获取模型表面点的参数,形成点云图,再通过逆向工程软件(Geomagic X、UG)生成模型,如图 4-11、图 4-12、图 4-13 所示。

图 4-11　数据采集

(a)桌面扫描仪

(b)工业扫描仪

图 4-12　应用扫描仪

将模型文件转换为标准的 STL 文件格式,建立建模软件和 3D 打印机之间协作的通道。图 4-14 是模型 STL 图,由一系列的三角形面片近似模拟物体表面,三角形面越小,其生成的表面分辨率越高。

（a）汽车　　　　　　　　　　　　（b）兔子

图 4-13　采集模型点云图

（a）压铸零件　　　　　　　　　　（b）蝎子

图 4-14　模型 STL 图

（2）打印过程

打印机通过读取文件中的横截面信息，用液体状、粉状或片状的材料将这些截面逐层的打印出来，再将各层截面以各种方式粘合起来从而制造出一个实体。这种技术的特点在于其集合可以造出任何形状的物品。

传统的制造技术如注塑法可以以较低的成本大量制造聚合物产品，而3D打印技术则以更快、更具弹性、更低成本的办法生产数量相对较少的产品，如图 4-15 所示。

图 4-15　打印所用耗材

（3）打印后处理

为了获得表面质量较好的塑件，需要对其表面进行清理，清理方式有清除支撑和打磨两种方法。

① 清除支撑。清除附加到模型的树状支撑结构和底部支撑，这需要在树脂固化之后完成。始终注意飞行的杂散塑料。对于复杂的部件，请使用平头切割器小心地剪断支撑件，在不损坏表面的情况下尽可能接近模型。

② 打磨。清除支撑的部位，会受支撑的影响留下印记，这些地方就需要进行打磨。如果打印的物品需要上色或者对表面的细节要求比较高，那么打印的物品就要进行打磨，打磨出来的物品看起来会更加出色，整体会更加完美。

三、3D 打印技术与 3D 打印机分类

1. 3D 打印技术分类

3D 打印技术的蓬勃发展引领制造业向着全新的方向前进，不同打印技术以其独特的工作方式和原理为基础，创造出崭新的制造方式。熔融沉积建模（FDM）、光固化技术（SLA）、选择性激光烧结（SLS）以及粉末热熔技术等 3D 打印技术，各自拥有独特的工作原理和流程。每种技术都以其独特的方式将数字化的设计模型转化为实体物体，却又在操作方法和适用范围上有所不同，如图 4-16 所示。

图 4-16　3D 打印技术分类

（1）熔融沉积建模（FDM）

工作方式：FDM 使用加热的塑料丝，通过打印头逐层堆积熔化的塑料，构建物体。

工作原理：塑料线通过加热软化，然后通过喷嘴按照预定路径逐层堆积。

优点：简单易用，成本较低。

缺点：表面粗糙，精度有限。

适用范围：原型制作、简单模型。

（2）光固化技术（SLA）

工作方式：使用紫外线光束或激光逐层固化光敏树脂，构建物体。

工作原理：光敏树脂通过光固化在特定区域形成固体。

优点：高精度、表面质量好。

缺点：材料有限，设备成本较高。

适用范围：高精度零件、模型、珠宝。

（3）选择性激光烧结（SLS）

工作方式：使用激光束烧结粉末材料，逐层堆积构建物体。

工作原理：激光烧结粉末使其粘结成实体物体。

优点：无须支撑结构，适用多种材料。

缺点：设备和材料成本高，表面粗糙。

适用范围：复杂结构零件、原型。

（4）粉末热熔技术

工作方式：利用激光或电子束热熔粉末材料，逐层堆积构建物体。

工作原理：激光或电子束将粉末熔化并粘结成物体。

优点：高密度、高表面质量。

缺点：设备成本高，对环境条件要求高。

适用范围：金属零件、特殊合金零件制造。

每种技术都有其独特的优点和限制，适用于不同的应用场景。选择合适的技术需要考虑精度、材料特性、成本和打印物体的设计需求。随着技术的不断演进，这些技术也在不断完善以适应更广泛的应用需求。

表 4-2 是 3D 打印技术的分类。

表 4-2 3D 打印技术的分类

类　　型	累积技术	基本材料
挤压	熔融沉积式（FDM）	热塑性塑料、共晶系统金属、可食用材料
线	电子束自由成型制造（EBF）	几乎任何合金
粒状	直接金属激光烧结（DMLS）	几乎任何合金
	电子束熔化成型（EBM）	钛合金
	选择性激光熔化成型（SLM）	钛合金、钴铬合金、不锈钢、铝
	选择性热烧结（SHS）	热塑性粉末
	选择性激光烧结（SLS）	热塑性塑料、金属粉末、陶瓷粉末
粉末层喷头 3D 打印	石膏 3D 打印（PP）	石膏
层压	分层实体制造（LOM）	纸、金属膜、塑料薄膜
光聚合	立体平板印刷（SLA）	光硬化树脂
	数字光处理（DLP）	光硬化树脂

2. 3D 打印机分类

3D 打印机按功能分类，可分成个人级、专业级、工业级。

（1）个人级 3D 打印机

这类设备属于熔丝堆积技术（以 FDM 技术为代表），设备打印材料都以 ABS 塑料或者 PLA 塑料为主。主要满足个人用户生活中的使用要求，因此各项技术指标并不突出，优点在于体积小巧、性价比高。图 4-17 是 Miracle S 个人级 3D 打印机，表 4-3 是 Miracle 个人级 3D 打印机技术参数。

视频
初识3D打印机

图 4-17　Miracle S 个人级 3D 打印机

表 4-3　Miracle 个人级 3D 打印机技术参数

项　目	型号与参数	图　示
成型尺寸（直径×高）	180 mm×180 mm	
机器外形	350 mm×375 mm×675 mm	
机器毛重	15 kg	
输入功率	80 W	
喷嘴直径	0.4 mm	
打印速度	20～200 mm/s 可调	
精度误差	±0.2 mm	
输入电压	220 V	
耗材直径	1.75 mm	
打印层厚	0.1～0.2 mm	
输入文件类型	STL/gcode	
支持系统	Windows XP/7/8/10	
打印原料	PLA	
连接方式	支持 SD 卡脱机打印、USB 直接连接	
喷头系统	喷头内置缓冲结构，在遇到打印凸点或翘边时自动弹起喷嘴，避免打印错层	
调平系统	一键式全自动调平，可自动插补打印平台水平度	
传动系统	新型并联臂结构运动方式，高精度直线导轨，精密关节轴承	
送料系统	远程自动送料，手柄按压式快速换料	
打印平台	可取出式微晶打印平台，专利涂层技术有效防止翘边	
运动空间	全密封设计，避免有害气体溢出	
显示屏	2.8 英寸彩色液晶触摸屏，显示打印名称、打印速度、打印时间，直接触控操作各级菜单，可随时调整打印参数	
安全与环保规格	有 CE EMC 认证、RoHS 认证	
机身结构	整体金属外壳，全封闭结构，确保设备结构稳固；面向操作者采用亚克力门便于观察，内部有照明灯与氛围灯	
操作方式	支持全彩触摸屏/USB 数据线连接等多种操作模式，SD 卡脱机打印	

图 4-18 是森工 M2030X 混色 3D 打印机。

混色 3D 打印机型号：M2030X。

打印精度范围：±0.1~0.3 mm。

打印模型尺寸：200 mm × 200 mm × 300 mm。

（2）专业级 3D 打印机

可供选择的成型技术和耗材（塑料、尼龙、光敏树脂、高分子、金属粉末等）要比个人 3D 打印机丰富很多。设备结构和技术原理相比起来更先进，自动化程度更高，应用软件的功能以及设备的稳定性也是个人级 3D 打印机望尘莫及的。这类设备售价都在十几万至上百万人民币，如图 4-19 所示。

图 4-18　森工 M2030X 混色 3D 打印机

图 4-19　专业级 3D 打印机

（3）工业级 3D 打印机

工业级的设备除了要满足材料上面的特殊性，制造大尺寸的物件等要求，更关键的是物品制造后它需要符合一系列特殊应用的标准，因为这类设备制造出来的物体是直接应用的。比如飞机制造中用到的钛合金材料，就需要对物件的刚性、韧性、强度等参数有一系列的要求。表 4-4 是 Miracle 3D-G600 工业 3D 打印机的技术参数。

表 4-4　Miracle G600 工业 3D 打印机

项　　目	参　　数	图　　示
成型尺寸（直径 × 高）	600 mm × 750 mm	
机器外形	1 150 mm × 1 000 mm × 1 830 mm	
机器毛重	150 kg	
输入功率	1 000 W	
喷嘴直径	0.6 mm（标配）	
打印速度	20 ~ 200 mm/s 可调	
输入电压	220 V	
耗材直径	1.75 mm	
打印层厚	0.1 ~ 0.3 mm	
输入文件类型	STL/gcode	
支持系统	Windows XP/7/8/10	
打印原料	PLA/ABS/ 碳纤维	
连接方式	支持 SD 卡脱机打印、USB 直接连接	

四、3D 打印优势

（1）设计空间无限

对于几何结构复杂的物品（比如内部有非常复杂的拓扑结构或空腔结构的物品），传统的制造工艺是无法进行加工的,需要将物品进行分解,分别加工再组装。而3D打印将物体分解成一层层的2D切片,因此加工任意复杂的物体都没有问题,加工精度只是取决于打印机所能输出的最小材料颗粒。这是3D打印带来的最大优势,能让设计者设计任意复杂的几何形状,设计空间无限。图4-20所示为3D打印多孔复杂模型。

(2)零技能制造

传统的制造工艺设备庞大且昂贵,需要较高的技能才能进行操作。而3D打印机(比如FDM 3D打印机)小巧而廉价,有些已经进入家庭,使用简单方便;相对于昂贵的铸模,3D打印只需要一个数字化文件即可进行成型。因此,通过3D打印,能够轻松实现产品的个性化设计与定制,大大缩短了产品的研发时间。这个优势使得非机械专业的研究工作者,也能进行相关的几何、结构、材料等方面的研究,大大加深和拓展了制造中所存在的相关研究问题。

(3)材料无限组合

多喷头3D打印机能够对多种材料进行组合打印。通过材料的堆叠和组合,打印的物品具有与单一材料所不同的物理和力学的特性。因此,通过不同材料的组合,可以产生性能不同的"新的材料"。这个优势提供利用控制材料的分布来控制物品的物理、力学及结构的特性,从而能产生多样化的物品,增加产品的灵活性,图4-21所示为混色多彩渐变模型。

图4-20　3D打印多孔复杂模型

图4-21　混色多彩渐变模型

3D打印技术被看重的三大优势是加速产品的研发过程、提供个性化和定制产品、增加生产的灵活性。从成型工艺上看,3D打印突破了传统成型方法,无须先行制作模具和机械加工,通过快速自动成型硬件系统与CAD软件模型结合就能够制造出各种形状复杂的产品,这使得产品的设计生产周期大大缩短,生产成本大幅下降。图4-22所示为3D打印模型。

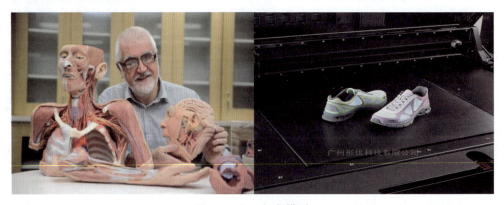

图4-22　3D打印模型

五、3D 打印应用领域

3D 打印技术的应用正以惊人的速度深刻地改变着各个领域的面貌,它不仅是一种革命性的制造方式,更是一项重塑创新和生产方式的崭新工具。从医疗保健到制造业,再到航空航天和建筑领域,3D 打印技术正在为这些领域带来巨大的变革,如图 4-23 所示。

图 4-23　3D 打印应用领域

1. 制造业领域

汽车行业:汽车制造商使用 3D 打印技术制造轻量化零件和原型,如发动机部件、定制车灯、内饰等。

世界第一台 3D 打印车——这辆由美国 Local Motors 公司设计制造,名为"Strati"的小巧两座家用汽车开启了汽车行业新篇章。这款创新产品在 2014 美国芝加哥国际制造技术展览会上公开亮相。用 3D 打印技术打印一辆斯特拉提轿车并完成组装需 44 h,汽车由电池提供动力,最高时速约 64 km,车内电池可供行驶 190 ~ 240 km。图 4-24 所示为 3D 打印汽车。

图 4-24　3D 打印汽车

工业生产:各种工业中的生产设备和工具利用 3D 打印技术。制造业中的夹具、模具、模型和定制工具等,可以根据需求快速制作,提高生产效率和灵活性。

2. 医疗保健领域

仿生器官:医疗领域利用 3D 打印技术打印出仿生器官,如人工假肢、义齿、骨骼支架等,如图 4-25 所示。目前,已成功打印出可植入人工心脏瓣膜。

图 4-25　3D 打印胸骨与义肢

定制医疗器械：根据患者的个体特征，医生可以设计并打印定制的医疗器械，比如支撑器件、外科手术工具等。

3. 航空航天领域

复杂零件：航空航天领域使用 3D 打印技术制造复杂的零件，例如燃料喷嘴、涡轮叶片等。SpaceX（太空探索技术公司）使用 3D 打印技术来制造火箭发动机零件。图 4-26 所示为歼-20 战斗机尾翼固定架。

轻量化结构：通过使用轻量化材料和设计，航空航天领域有效减轻部件质量，提高了燃料效率。

图 4-26　歼-20 战斗机尾翼固定架

4. 建筑领域

模块化建筑：建筑行业使用 3D 打印技术制造建筑模块和构件，减少施工时间和材料浪费，利用 3D 打印技术建造出可居住的房屋和桥梁。

定制建筑材料：通过 3D 打印技术制造定制的建筑材料，能够满足不同形状和结构的需求，提高了建筑设计的灵活性。

这些案例展现了 3D 打印技术在不同领域中的多样化应用，它在制造、医疗、航空航天和建筑领域的进步和创新，为行业带来了更多的可能性，并在未来可能继续发挥关键作用。

六、3D 打印发展趋势

在当今科技迅猛发展的时代，3D 打印技术正在成为制造业和创新领域中的关键驱动力。这项技术正经历着多方面的发展，其中一些主要的趋势如图 4-27 所示。

图 4-27　3D 打印发展趋势

1. 新材料的应用

金属材料：3D 打印技术在金属领域的应用正在扩大，如钛合金、铝合金等，为航空航天和医疗领域带来新的可能性。

生物医用材料：针对生物医学应用，包括仿生器官、医用植入物的可降解材料和生物相容材料的研究日益活跃。

2. 打印速度和精度的提升

针对打印速度和精度的提升，研究者们正专注于改进打印机的设计和控制系统，以及优化打印工艺和材料。

3. 成本降低

通过优化生产流程、提高设备效率和降低原材料成本，以及采用更经济实用的打印技术，努力降低 3D 打印的成本。

4. 大型化和工业化

大型 3D 打印机的发展使得能够打印更大尺寸的物体成为可能，促进了建筑、汽车等行业的工业化应用。

5. 智能化制造

3D 打印技术结合了人工智能和自动化，使得打印过程更加智能化和自动化，提高了生产效率和准确性。

正在进行的研究和改进工作集中在：

高性能材料的开发，尤其是在金属和生物医学领域的应用。

新型打印技术的研究，例如多光子打印、激光烧结、激光脱材等。

打印工艺的优化，包括打印速度、精度、表面质量和成本效率的提升。

智能化制造，通过增强现实、虚拟现实和物联网等技术与 3D 打印相结合，实现生产流程的优化和智能化。

这些研究和改进工作推动着 3D 打印技术不断向前发展，为各个领域带来更多的可能性，并有望在未来创造出更加革命性和实用性的解决方案。

七、3D 打印面临的挑战

在 3D 打印技术蓬勃发展的同时，也面临着一些关键性挑战，如图 4-28 所示。这些挑战不仅限制了技术的应用范围，也激励着行业寻找创新性解决方案。

图 4-28　3D 打印技术面临的挑战

1. 材料多样性和性能

材料的性能和可打印性受到一定限制，解决方案包括开发新型材料和改进现有材料，以满足更广泛的需求，同时提高材料的性能和稳定性。

2. 打印速度和精度

尽管打印速度已有改进，但速度和精度仍是挑战，需要优化打印机设计、改进打印工艺和控制系统，以及提高打印速度和精度。

3. 成本效益

3D 打印技术的成本相对较高，限制了其在大规模生产中的应用。降低设备和材料成本，提高生产效率，通过更有效的设计和流程优化来提高成本效益。

4. 智能化和标准化

智能化制造和标准化缺乏统一标准，可能导致设备和工艺的不一致性。建立行业标准和规范化制度，促进智能化制造和打印标准化。

5. 知识普及和教育

3D 打印技术需要专业知识和技能，推广相关教育和培训，提高人才储备和技能水平，这样可以促进更广泛的技术应用。

6. 环境和可持续性

3D 打印产生的废弃物和材料选择对环境造成影响。深入研究可降解材料、循环再利用方案和更环保的工艺。

任务二　三维模型处理与打印实操

素养园地

推动传统产业变革，把发展智能制造作为主攻方向，让信息化和工业化深度融合，用装备制造的升级打造中国发展新动能。

任务目标

1. 知识目标

① 熟悉三维模型处理方法。
② 熟练使用 Simplify 3D 切片软件。
③ 了解桌面级 3D 打印机结构特征。
④ 掌握桌面级 3D 打印机的操作步骤。

2. 能力目标

① 掌握三维模型切片流程和参数设置。
② 熟练操作 3D 打印机。
③ 熟悉打印机喷嘴高度调节方法。

3. 素质目标

① 培养工科素养和专业品质。
② 提升实践能力。

任务描述

学会使用 Simplify 3D 切片软件处理三维模型，完成模型的切片处理；熟悉 3D 打印的操作步骤，了解其中关键环节，以保证打印产品的高质量。

任务实施

一、Simplify 3D 切片软件使用方法

切片软件为绿色免安装版，解压后先双击"S3D 首次运行补丁"（若弹出错误提示，不用理会），然后双击 Simplify3D.exe 即可直接打开软件，为便于下次打开方便，建议单击鼠标右键将 Simplify3D.exe 的快捷方式发送到桌面，下次直接在桌面上双击该图标即可打开软件，如图 4-29 所示。

图 4-29　Simplify 3D 软件及模型导入过程

① 打开 Simplify 3D 切片软件，导入与机型相匹配的配置文件。

② 单击"打开"按钮，选择小熊模型 .STL 文件，双击模型调整模型尺寸，可以进行适当放大和缩小，将模型调整到合适大小。

③ 单击"移动和旋转"，将模型调整到合适位置。

④ 调整模型填充率、底板和支撑，确保模型能合理打印，启动模拟打印，验证 3D 打印的合理性。

⑤ 单击"保存"按钮，格式选择 *.gcode，这时候生成的是切片程序。

⑥ 将文件复制到 SD 卡。弹出 SD 卡，然后将 SD 卡插入打印机，启动打印。

二、3D 打印原理

熔融沉积成型工艺（fused deposition modeling，FDM）：熔融沉积有时候也称为熔丝沉积，它将丝状的热熔性材料进行加热融化，通过带有微细喷嘴的挤出机把材料挤出来。喷头可以沿 X 轴的方向进行移动，工作台则沿 Y 轴和 Z 轴方向移动（当然不同的设备其机械结构的设计也许不一样），熔融的丝材被挤出后随即会和前一层材料粘合在一起。一层材料沉积后工作台将按预定的增量下降一个厚度，然后重复以上的步骤直到工件完全成型。图 4-30 是 3D 打印机结构组成。

热熔性丝材（通常为 ABS 或 PLA 材料）先被缠绕在供料辊上，由步进电机驱动辊子旋转，丝材在主动辊与从动辊的摩擦力作用下向挤出机喷头送出。在供料辊和喷头之间有一导向套，导向套采用低摩擦力材料制成，以便丝材能够顺利、准确地由供料辊送到喷头的内腔。

喷头的上方有电阻丝式加热器，在加热器的作用下丝材被加热到熔融状态，然后通过挤出机把材料挤压到工作台上，材料冷却后便形成了工件的截面轮廓。

图 4-30　3D 打印机结构组成

采用 FDM 工艺制作具有悬空结构的工件原型时需要有支撑结构的支持，为了节省材料成本和提高成型的效率，新型的 FDM 设备会采用了双喷头的设计：一个喷头负责挤出成型材料，另外一个喷头负责挤出支撑材料。

FDM 快速模型技术的优点：

① 操作环境干净、安全，可在办公室环境下进行（没有毒气或化学物质的危险，不使用激光）。

② 工艺干净、简单、易于制作且不产生垃圾。

③ 尺寸精度较高、表面质量较好、易于装配、可快速构建瓶状或中空零件。

④ 原材料以卷轴丝的形式提供，易于搬运和快速更换（运行费用低）。

⑤ 原材料费用低。

⑥ 材料利用率高。

⑦ 可选用多种材料，如可染色的 ABS 和医用 ABS、PC、PPSF、浇铸用蜡和人造橡胶。

FDM 快速模型技术的缺点：

① 精度较低，难以构建结构复杂的零件，做小件或精细件时精度不如 SLA，最高精度不高。

② 与截面垂直的方向强度小。
③ 成型速度相对较慢，不适合构建大型零件。

打印机将低熔点丝状材料通过加热器的挤压头熔化成液体，使熔化的热塑材料丝通过喷头挤出，挤压头沿零件的每一截面的轮廓准确运动，挤出半流动的热塑材料沉积固化成精确的实际部件薄层，覆盖于已建造的零件之上，并在（1/10）s内迅速凝固，每完成一层成型，工作台便下降一层高度，喷头再进行下一层截面的扫描喷丝，如此反复逐层沉积，直到最后一层，这样逐层由底到顶地堆积成一个实体模型或零件。

三、3D 打印操作步骤

奇迹三维 3D 打印机触摸屏界面如图 4-31 所示，操作面板是触摸屏，包含系统、工具与打印菜单。

（1）操作界面

3D 打印前，首先需要了解 3D 打印机操作界面，主要包括系统、工具和打印三个主菜单。系统界面主要包括打印机状态、机械信息、中文、出厂设置、屏幕校正、WIFI、Delta 等菜单，如图 4-32 所示。

视频

3D打印机初始界面介绍

视频

3D打印机系统介绍

图 4-31　奇迹三维 3D 打印机触摸屏界面　　图 4-32　系统界面显示

图 4-33 所示状态（X, Y, Z）显示的是打印头或喷嘴的位置坐标；E1 表示当前打印头温度为 25 ℃，单色打印机；E2 适用于混色打印机，双喷头，在这里不适用。Bed 代表的是底板温度，某些打印机底板带有自加热功能。

实验用桌面级打印机为昆山奇迹三维科技有限公司所产，版本为 Miracle S。当 3D 打印机出现系统错误，需要恢复系统，点击恢复出厂设置。

这里重点要介绍的是 Delta，若偏差在 1 mm 范围内，点右下角按钮，进入"系统"-"Delta"当中。其中"设 Z 为零"表示设置一个临时坐标系，新坐标系的零点为打印的起始点。若重启打印机或移动底板，则临时坐标系失效，需要重新设置，如图 4-34 所示。

注意：不要去掉"调平补偿"的勾选。

```
X (mm): 0.0000
Y (mm): 0.0000
Z (mm): 0.0000
E1 (℃): 25/0
E2 (℃): ---/---
Bed (℃): 28/0
```

delta 杆长：352.5000
delta 半径：196.2000
设 Z 为零：
调平补偿：

图 4-33　系统状态显示　　　　　图 4-34　系统 Delta 界面显示

工具界面显示包括手动、预热、装卸耗材、调平、风扇、紧急停止等，如图 4-35 所示。

手动模式操作界面如图 4-36 所示，包含 X、Y、Z 三个方向，进给量为 10 mm、1 mm、0.1 mm，用于不同进给量的调节。打印喷头远离底板时，以 10 mm 进行进给；喷头距离底板较近时，以 0.1 mm 推动进给。

视频
工具界面介绍

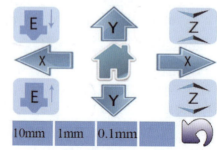

图 4-35　工具界面显示

图 4-36　手动模式操作界面

视频
打印机喷嘴高度调节

（2）重置零点

重新校准 3D 打印机时，让喷头下降直至喷嘴刚好接触 A4 纸，这时候 A4 纸的状态是刚好能抽出，不会破损，且同时能感受到喷嘴已经接触 A4 纸为标准，保持打印头与底板高度比 A4 纸的厚度高出 0.2~0.3 mm，不宜过高或者过低。

点击屏幕"工具"→"手动"按钮，弹出图 4-36 所示界面，点击相应按钮，让喷头模块回到最上方的初始位置，如图 4-37 所示。

注意：左侧按钮用于控制挤出机送丝及退丝。在喷头没有加热到目标温度之前，请勿点击。

图 4-37　喷头模块回到最上方的初始位置

（3）机器校准

在首次开机打印的时候，需要特别关注第一层是否出丝正常，若出现以下两种情况，需立即停止打印，并对机器进行重新校准，包括重置零点和自动调平。图 4-38 是打印头高度对打印质量的影响，过高或过低都会对打印零件质量造成很大的影响。打印头过高，熔丝与底板结合较差，不能形成很好的粘结，底板容易脱胶；打印头过低，则会刮除底板表面已固化树脂，不能打印出所需要的铺层结构。

视频
预热和调平

图 4-38　打印头高度对打印质量的影响

（4）预热喷头

点击"工具"→"预热喷头"按钮后,点击屏幕上"25/---",数字由黑色变成红色,左侧"25"表示喷头当前温度,"200"表示目标温度,当前温度达到目标温度时就可以开始装耗材了。点击中间的字体,黑色变成红色,即可开始加热,如图4-39所示。

注意：此时喷头已加热到210 ℃左右,请勿触碰喷嘴,以免烫伤!

（5）手动装卸耗材

装耗材：为便于装料,建议用剪刀将耗材端部剪成斜坡口状。

左手将耗材从"断料检测模块"穿过,右手捏住"送丝手柄",对准"送丝齿轮"的进丝口处向上送丝,直至耗材进入送丝管。

卸耗材：与装耗材类同,首先需要将喷头温度加热到200 ℃左右,然后右手捏住"送丝手柄",左手直接将耗材从喷头中拔出即可。

装卸耗材界面如图4-40所示。

图4-39　预热显示界面

图4-40　装卸耗材界面

（6）打印平台准备

为了增加打印平台与模型之间的粘合度,在打印之前需在打印平台上贴上美纹纸或均匀涂上专用固体胶,涂胶范围为打印模型的底座范围即可。

（7）上机打印

先将切片好的 *.gcode 文件复制保存进 SD 卡,然后将 SD 卡插入机器右侧的 SD 卡插槽内。点击打印机触摸屏上的按钮,切换成打印程序的调用界面,如图4-41所示。

图4-41　3D打印文件选择

任务三　逆向工程技术（以小熊模型为例）

素养园地

培养创新精神、科学精神,树立正确的人生观和价值观；深植家国情怀,培养文化认同,增强民族自信；启发科学兴趣,树立职业素养和社会责任。

任务目标

1. 知识目标

① 熟悉逆向设计的操作方法与步骤。

② 掌握工业扫描仪的数据采集方法。
③ 明确扫描数据的处理与完善。
④ 使用 Geomagic Studio 杰魔软件进行点云数据处理。
⑤ 掌握模型构建方法与步骤。

2. 能力目标

① 掌握逆向工程一般流程。
② 熟悉 3D 扫描仪使用。
③ 掌握扫描点云的处理和整合。
④ 熟练使用杰魔软件处理模型、逆向造型。

3. 素质目标

① 培养科学思维。
② 树立严谨的科学态度，能较好地完成模型数据采集和数据处理。

任务描述

熟悉逆向工程的含义，掌握模型数据采集的方法和步骤，构建三维数字模型，并处理其中缺陷，生成 *.STL 格式文件。

任务实现

一、逆向工程定义

逆向工程也称反求工程，是根据已有的模型和结果，通过分析来推导出具体的实现方法。反求技术包括影像反求、软件反求和实物反求等。目前，研究较多的是实物反求技术，它是研究实物 CAD 模型的重建和最终产品的制造。狭义来说，三维反求技术是将实物模型数据化成设计、概念模型，并在此基础上对产品进行分析、修改及优化等。那么，如何获取实体模型数据，怎么实现逆向工程，保证其表面质量和精度。

二、逆向工程技术与流程

1. 逆向工程——点云扫描

用工业扫描仪对小熊模型进行扫描，扫描前，对工业扫描仪结构进行介绍。图 4-42 所示为工业扫描仪、三脚架及云台。

（a）工业扫描仪

（b）三脚架及云台

图 4-42 工业扫描仪、三脚架及云台

图 4-43 是扫描开始前使用的标定块，主要完成的是扫描基准的标定，标定物体平面内的误差。

图 4-43　标定块

扫描装置的关键组成零件包括：

① 光栅发射器，用于投射光栅。

② 相机（两台），用于拍摄图像。

③ 标定块，用于系统定标。

④ 标志点，用于模型零件的高质量拼接。

使用注意事项：

使用扫描仪前，需仔细阅读注意内容，以确保安全地使用扫描仪，防止危险情况的发生和对操作者、设备造成伤害。

① 扫描仪规定操作电源为 220 V/50 Hz，使用前请确认所用电源是否符合本机要求。

② 请勿将扫描仪放置于受阳光直射、靠近加热装置或热辐射装置的地方。

③ 请将扫描仪放置在干燥的区域内，避免灰尘和湿气。

④ 切勿用坚硬物体撞击相机镜头和光栅发射器镜头。

⑤ 切勿在机器使用过程中拔出或旋转镜头。

⑥ 切勿在机器使用过程中关闭电源。

⑦ 切勿在机器使用过程中直视光栅发射器，避免眼睛受到伤害。

⑧ 切勿用坚硬物体触碰标定块表面。

⑨ 小心使用电源线，避免过度弯曲。破损的电源线可能引起触电或火灾。

⑩ 小心不要触摸镜头，以避免影像模糊而影响扫描数据质量。擦拭镜头时请使用镜头纸。

⑪ 转动云台或升降三脚架后，须锁紧安全钮，防止设备跌倒。

⑫ 关闭电源，须待风扇停转后（电源关闭，风扇继续运转 60 s）才可将电源断开。

⑬ 为确保程序正常运行，只能使用随机光盘中的软件。

⑭ 请指定专人使用扫描仪。

⑮ 在计算机背面插入加密狗，并保证在带电的情况下不热插拔加密狗，否则会造成加密狗的损坏。

2. 工业扫描仪菜单

系统启动：

① 事先确保硬件接线正确，接通所有硬件的电源。

② 启动计算机，启动光栅发射器。

③启动程序，打开向导窗口。主框架菜单项如下：文件(F) 工程(P) 数据(D) 工具(T) 帮助(H)。

（1）文件（F）菜单

包括新建工程、打开工程等菜单选项，如图4-44所示。

①新建工程：结束当前扫描，开始新的扫描。

②打开工程：用于打开RECAM文件，单击后弹出如图4-45所示对话框。

图4-44 "文件"菜单

图4-45 文件选择

③最近打开的工程：会给出最近已打开的文件，最多八个。

④退出：关闭应用程序并退出。

（2）工程工（P）菜单

包括标定系统、拍摄图像、物体立体拍摄、三维数据拼接，如图4-46所示。

①标定系统：遇到下列情况时，需要对相机进行定标计算：

a. 第一次使用扫描仪；

b. 调整相机或镜头位置；

c. 经过长途运输；

d. 当拼接精度下降时。

②拍摄图像：只拍摄平面照片，不生成三维数据。

③物体立体拍摄：只生成单面点云数据，不进行拼接。

④三维数据拼接：建立拼接数据。

（3）数据（D）菜单

包括导入、导出、查看、删除和属性菜单，如图4-7所示。

图4-46 标定系统

图4-47 模型数据导入

①导入：可以导入以前保存过的中间结果数据。

②导出：导出点云数据并保存成 .asc、.stl 或 .ply 格式数据。

③ 查看：打开选中的点云数据或者拼接数据。
④ 删除：删除选中的文件。
⑤ 属性：查看当前选中文件的相关信息。
（4）工具（T）菜单

图4-48所示为"工具"菜单。

系统设置：扫描过程中的参数设置。选择"系统设置"命令，弹出"系统设置"对话框，通过不同的选项卡设置相关参数，如图4-49所示。

图4-48　工具系统设置

图4-49　系统参数设定

3. 扫描数据的处理

（1）拍摄距离调整

将标定块放在视场中央，左右相机拍摄场景会实时显示拍摄的图像，调整标定块的位置使相机同时看到尽可能多的圆点，如图 4-50 所示。

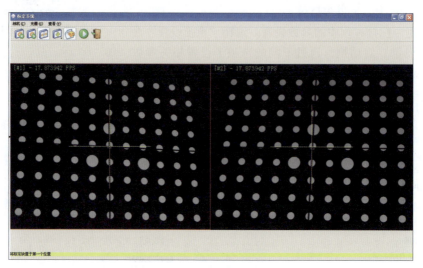

图 4-50　拍摄距离调整

单击"预投十字中心线"按钮 ，相机拍摄窗口中会显示黄色中心线，同时光栅发射器投射出黑色中心线到标定块上。调整三脚架高度，直到相机窗口中黄色中心线和标定块上黑色中心线重合为止。这是相机距离标定块的最佳高度，关闭中心线，如图 4-51 所示。

图 4-51　模型选择与光标定位

（2）立体拍摄

立体拍摄是利用两次拍摄之间的公共标志点信息来实现两次拍摄的数据的拼接。使用标志点前，要对待测物体进行分析，在需要、合适的位置上贴上标志点，通过多次扫描及拼接得到需要的数据。

标志点贴法有如下注意事项：

① 标志点只能贴在物体曲率变化不大的部分上，如果贴在曲率变化较大的部分，会产生较

大的误差；

② 每两次扫描的公共标志点个数要不少于四个，如果公共标志点个数少于四个，那么系统会提示拼接错误。

拍摄的具体过程如下：

① 单击"拍摄"按钮，开始扫描，计算过程会有进度条显示计算进度。扫描完成后，会弹出结果显示窗口，显示扫描的结果。

在此窗口中可以进行删除杂点、光顺点云等操作。具体操作方法在"点云显示与处理"中详细说明。

② 将工件变换另一位置，注意要保证与第一个位置最少有四个公共标志点。在拍摄窗口中可右击"识别标志点"来查看是否最少有四个公共标志点。关闭点云显示窗口，在"单面扫描"窗口中单击"拍摄"按钮，开始计算，扫描完成后会弹出结果显示窗口，显示扫描的结果。

③ 多次重复②的操作以致把整个物体扫描完整并处理完单面数据。单击"取消"按钮，以结束对物体的扫描。

④ 单击"拼接"按钮，弹出如图 4-52 所示对话框。

图 4-52　模型数据拼接

选择要拼接的单面数据，单击"下一步"按钮，系统会根据标准点把数据拼接成一个整体。

图 4-53　套索选择

4. 点云显示与处理

点云文件显示窗口主要用在扫描完成时显示扫描结果，并对点云数据进行降噪、修补、光顺化等操作。用户也可以在此窗口对不易自动拼接的数据进行手动拼接操作。

在点云显示窗口中，按住鼠标左键为点云旋转，按住鼠标右键为点云移动，滑动鼠标滚轮或按键盘上、下键可放大或缩小点云。

（1）点的选择

① 成片选择。在点云显示窗口中右击，在弹出的快捷菜单中选择"成片选择"命令，单击成片点云的区域，即可选中此片点云。

② 矩形选择。在点云显示窗口中右击，在弹出的快捷菜单中选择"矩形选择"命令，拖动鼠标画出矩形框选中点云。

③ 套索选择。在点云显示窗口中右击，在弹出的快捷菜单中选择"套索选择"命令，单击选择一个封闭的多边形区域，包含要被删除的点。

④ 画刷选择。在点云显示窗口中右击，在弹出的快捷菜单中选择"画刷选择"命令，按住鼠标左键并拖动，覆盖要被删除的点后松开，即可选中点云。

（2）取消选择

在点云显示窗口中右击，在弹出的快捷菜单中选择"取消选择"命令，可取消所有选中的点云。需取消部分选择的数据时，按住【Alt】键，再选中要取消的部分即可。

（3）点的删除

选择点云后，单击"删除"按钮，即可删除被选择的点云。

在点云显示窗口中右击，在弹出的快捷菜单中选择"删除边缘点"命令，可将脱离整体点云较远的数据自动删除。

（4）填补空洞

在点云显示窗口中选中空洞部分的数据，右击，在弹出的快捷菜单中选择"填补空洞"命令，即按曲率变化将空洞修补好。

（5）数据光顺化

在点云显示窗口中右击，在弹出的快捷菜单中选择"光顺化"命令，对点云数据进行整体光顺处理。此操作会使数据顺化，但同时也会损失精度。图4-54、图4-55分别是点云数据处理和点云数据表面构建。

图4-54　点云数据处理

图 4-54　点云数据处理（续）

图 4-55　点云数据表面构建

三、Geomagic Studio 杰魔封装点云

1. Geomagic Studio 杰魔封装

① 打开计算机上安装好的 Geomagic Studio 杰魔软件。

② 软件打开后单击"打开"按钮,找到 0912.stl 文件并打开,此时弹出"文件"选项,比例默认 100%,单击"确定"按钮。

③ 单击工具栏中的"选择非连接项",分割选择"低",然后单击"确定"按钮。

④ 单击"体外孤点",敏感性改为"70",单击"确定"按钮。

⑤ 单击"减少噪音",参数改为"自由曲面形状",偏差限值改为"0.1",然后单击"确定"按钮。

⑥ 单击"封装"按钮,目标三角形改为"50000",然后单击"确定"按钮。

2. Geomagic Studio 杰魔修复网格面

① 单击工具栏中的"开流行"按钮。按【Alt】+鼠标中键移动界面。

图 4-56　模型开流行前

开流行后,单独点和标定点消失,如图 4-57 所示。

图 4-57　模型开流行后

② 单击"修复相交区域",模式改为"去除特征",然后单击"确定"按钮。
③ 单击"填充孔",把孔洞一一填充,如图 4-58 所示。

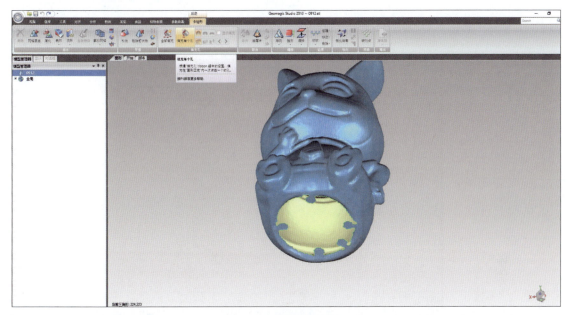

图 4-58　修复模型孔洞

④ 单击"网格医生",勾选所有"□"然后应用,接着单击"确定"按钮,如图 4-59 所示。

图 4-59　模型表面缺陷修补

⑤ 选择"特征"→"最佳拟合"命令，随机选择底面三个区域，创建平面，如图 4-60 所示。

图 4-60 创建平面

⑥ 单击"对齐"→"对齐到全局"按钮，将模型底面与 XY 平面对齐，如图 4-61 所示。

图 4-61　与 XY 平面对齐

⑦ 选择"工具"→"移动"→"精确移动"，旋转模型，使其与 X 轴、Y 轴、Z 轴相适应，如图 4-62 所示。

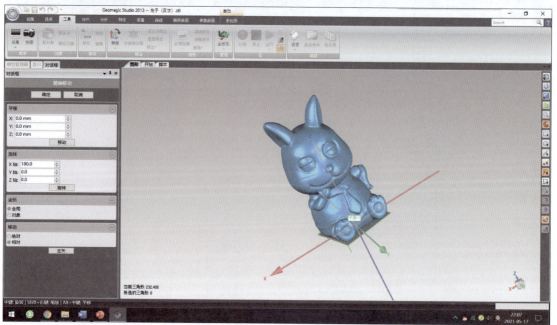

图 4-62 模型旋转，与坐标系平齐

⑧ 处理完成后保存模型为 *.STL 格式。

巩固与练习

一、填空题

1. 3D 打印技术被英国_____杂志称为"将带来第三次工业革命"的数字化制造技术。

2. FDM 技术是指_____。

3. 3D 打印技术包括_____、3D 打印过程和 3D 打印后处理。

4. 相对于传统制造方式，3D 打印的优点是满足少量化、_____生产需求。

二、选择题

1. 3D 打印文件的格式是（　　）。
   A. SAL　　　　B. STL　　　　C. SAE　　　　D. RAT

2. 市场上常见的 3D 打印机所用的打印材料直径为（　　）。
   A. 1.75 mm 或 3 mm　　　　B. 1.85 mm 或 3 mm
   C. 1.85 mm 或 2 mm　　　　D. 1.75 mm 或 2 mm

3. FDM 设备制件容易使底部产生翘曲形变的原因是（　　）。
   A. 设备没有成型空间的温度保护系统　　B. 打印速度过快
   C. 分层厚度不合理　　　　　　　　　　D. 底板没有加热

4. FDM 3D 打印技术成型件的后处理过程中最关键的步骤是（　　）。
   A. 取出成型件　　　　　　　　B. 打磨成型件
   C. 去除支撑部分　　　　　　　D. 涂覆成型件

三、思考题

1. 简述 3D 打印原理与一般过程。

2. 用自己的语言概括 3D 打印的优势。

3. 简述 Geomagic Studio 杰魔软件的封装步骤。

4. 逆向设计通常会用到三维扫描仪，它被用来探测搜集现实环境里物体的形状和外观信息，获得的数据通过三维重建，在虚拟环境中创建实际物体的数字模型，简述逆向工程的基本流程。

项目五 微型机床的创新加工

车床主要是用车刀对旋转的工件进行车削加工的机床。在车床上还可用钻头、扩孔钻、铰刀、丝锥、板牙和滚花工具等进行相应的加工。

铣床主要指用铣刀对工件多种表面进行加工的机床。通常铣刀以旋转运动为主运动，工件和铣刀的移动为进给运动。它可以加工平面、沟槽，也可以加工各种曲面、齿轮等。

本项目是应用小型仪表车床和仪表铣床来加工一些小型零件。

任务一　双节棍的加工

 素养园地

培养学生的责任感，引导学生在加工过程中严格遵守安全规范，确保人身安全和设备安全。激发学生的创新意识，鼓励他们在加工过程中不断尝试新的方法和技术，提高生产效率。培养学生的敬业精神和专注力，让他们能够全身心投入到加工中，确保产品质量。

 任务目标

1. 知识目标
① 掌握仪表车床的概念、组成、特点及应用。
② 熟悉仪表车床的结构及工作原理。
③ 了解仪表车床的应用场合。
④ 熟悉仪表车床的操作。

2. 能力目标
① 能够对仪表车床进行维护保养。
② 能够熟练操作仪表车床。
③ 能使用仪表车床根据图纸加工出一些小型零件。

3. 素质目标
① 增强学生的工科素养。
② 培养学生的团队协作能力、操作规范性和良好的组织纪律性。

任务描述

操作仪表车床，根据图纸加工出一个双节棍，完成外圆车削、倒角、滚花、钻孔等工艺的加工。

任务实现

一、仪表车床简介

1. 仪表车床概念及分类

仪表车床属于简单的卧式车床,一般来说,工件加工直径在 250 mm 以下的机床,多属于仪表车床。仪表车床分为普通型、六角型、精整型、自动型。

2. 仪表车床组成

本任务使用的仪表车床是上海西马特公司生产的 C2 仪表车床。C2 仪表车床的结构组成如图 5-1 所示。

1—三爪卡盘;2—调速开关;3—急停开关;4—主轴防护罩;5—刀架防护罩;6—四工位刀架;
7—Z 向进刀手轮;8—X 向进刀手轮;9—Z 轴自动进刀手轮;10—尾座。

图 5-1　C2 仪表车床

3. 仪表车床工作原理及特点

仪表车床采用弹簧夹头快速夹紧,电动机直接带动主轴,大小圆盘快速手扳式操作,纵横向定位控制车削,部分仪表车床配有法兰、尾架装置、压模跟车螺纹装置,能加工外圆、内圆、切断、端面、割槽、车锥度、钻孔、铰孔、攻螺纹、铣削、磨削等。

由于采用手推式进刀,弹簧夹头快速装夹,顶针式限位装置,快速手扳式操作,电动机直接带动主轴运转,定位控制车削,对单一固定种类的工件与外形进行连续加工,可比普通车床提高工效 10 倍以上,特别适用于大批量、小零件的加工。可代替其他机床,以减少能源消耗。

4. 仪表车床应用

仪表车床广泛用于电器、紧固件、汽车、摩托车配件、仪器仪表、五金电器、文教用品、影视器材、机电产品、水暖管件、阀门、轴承套圈、轴类等小零件、眼镜制造等小型工件的生产加工,是五金机械加工行业最理想的高效率设备。

二、双节棍加工实操

1. 任务简介

本任务是操作仪表车床根据图纸加工出每个单棍长 120 mm,直径为 ϕ12 mm,公差为 ±0.1 mm 的双节棍,完成外圆车削、倒角、滚花、钻孔等工艺的加工。双节棍的零件图如图 5-2 所示。

图 5-2 双节棍零件图（单位：mm）

2. 加工工艺

本任务采用的毛坯件是尼龙棒料，毛坯件尺寸长度约为 250 mm，直径约为 ϕ15 mm，如图 5-3 所示。

图 5-3 毛坯件图

视 频

加工端面

加工工艺如下：

（1）加工端面

用三爪卡盘夹住毛坯件，伸出长度约为直径的两倍，选择左偏刀，按七步进退刀操作方法加工端面，切削深度最大为 1 mm，将端面加工平整。加工后的端面如图 5-4 所示。

（2）顶出中心孔

用顶尖在已加工好的端面顶出一个中心孔，如图 5-5 所示。

视 频

顶中心孔

图 5-4 加工后的端面   图 5-5 端面中心孔

视 频

加工外圆

（3）加工另一端端面及中心孔

用如上方法加工好工件的另一端端面及中心孔，如图 5-6 所示。

（4）加工外圆

夹住一端，伸出长度 140 mm，另一端用顶尖顶住中心孔，同样选择左偏刀加工外圆，最大切削深度不超过 0.5 mm，可分多刀切削，将外圆加工至直径为 ϕ12 mm，公差

为 ±0.1 mm，加工长度为 130 mm，加工好的外圆如图 5-7 所示。

图 5-6　另一个端面及中心孔的加工

图 5-7　加工好的外圆

（5）加工另一半外圆

用如上方法加工好另一半外圆，同样加工至直径为 ϕ12 mm，公差为 ±0.1 mm。

（6）倒角

刀换为尖刀，将两个端面分别倒角，倒角尺寸为 C1，倒角后的工件如图 5-8 所示。

（7）滚花

仪表车床上夹住工件的一端，伸出长度为 180 mm，用滚花刀将伸出的一端滚花，滚花长度为 60 mm，用同样的方法将另一端滚花，两端滚花尺寸相同，如图 5-9 所示。

视　频

倒角

图 5-8　倒角后的工件

图 5-9　工件两端滚花

视　频

滚花

（8）锯断、平整端面、加工中心孔、倒角

从中间将工件锯断，一分为二，将锯断的两个端面采用上面的端面加工方法车平，并且顶出中心孔，方便后面钻孔加工，然后倒角，倒角尺寸为 C1，如图 5-10 所示。

（9）钻孔

在钻床上将锯断的两个工件无滚花一端的端面中心钻出直径为 $\phi 1.2$ mm，深度为 10 mm 的孔，如图 5-11 所示。

图 5-10　端面车平、中心孔加工及倒角

图 5-11　工件端面钻孔

（10）安装羊眼螺钉和链条

将羊眼螺钉分别拧进两个工件端面的钻孔中，用链条将两个羊眼螺钉连接起来，如图 5-12 所示。

3. 成品展示

加工好的双节棍如图 5-13 所示。

图 5-12　羊眼螺钉和链条的连接

图 5-13　加工好的双节棍

任务二　立方体的加工

素养园地

引导学生了解传统文化中的制造元素，培养他们的文化自觉，增强学生对传统文化的认同感和自豪感。培养学生的团队合作精神和协作能力，引导学生在机械加工过程中追求卓越品质，对每一个零件的加工都精益求精，不放过任何一个细节。

任务目标

1. 知识目标

①掌握仪表铣床的概念、组成、特点及应用。
②熟悉仪表铣床的结构及工作原理。
③了解仪表铣床的应用场合。
④熟悉仪表铣床的操作。

2. 能力目标

①能够对仪表铣床进行维护保养。
②能够熟练操作仪表铣床。
③能使用仪表铣床根据图纸加工出一些小型零件。

3. 素质目标

增强学生的工科素养，培养学生的团队协作能力、操作规范性和良好的组织纪律性。

任务描述

操作仪表铣床，根据图纸加工出一个立方体，完成立方体各个表面的铣削加工。

任务实现

一、仪表铣床简介

1. 仪表铣床概念

仪表铣床属于简单的立式铣床，主要用于普通钢、铜铝及非金属的铣削、钻孔、攻牙等加工工艺，适合小批量的生产、单机生产。

2. 仪表铣床组成

本任务使用的仪表铣床是上海西马特公司生产的 X2 仪表铣床。X2 仪表铣床的结构组成如图 5-14 所示。

3. 仪表铣床工作原理及特点

仪表铣床主要是通过刀具主运动，工件进给运动来完成铣削加工。
仪表铣床适用于各种中小型零件加工，特别是有色金属材料、塑料、尼龙的切削，具有结构简单、价格低、实用性强、操作灵活等优点。

4. 仪表铣床应用

仪表铣床可用于金属件（铝、铜、球墨铸铁、钢等）及软材料（木材、尼龙等）的切削，适用于家庭、学校、实验室、中小型工厂小批量零件加工，以及 DIY 与模型制作。

1—进给电动机；2—工作台；3—主轴防护罩；4—急停开关；5—主轴调速旋钮；6—主轴电动机；7—Z 向进给手轮；
8—Z 向微调手轮；9—主轴；10—平口钳；11—X 向进给手轮；12—Y 向进给手轮。

图 5-14　X2 仪表铣床的结构构成

二、立方体加工实操

1. 任务简介

本任务是操作仪表铣床根据图纸加工出一个边长为 29 mm 的立方体，尺寸公差为 ±0.1 mm，保证每两个平行面的平行度误差为 0.05 mm，完成立方体各个表面的铣削加工。立方体零件图如图 5-15 所示。

2. 加工工艺

本任务采用的毛坯件是尼龙棒料，毛坯件原始尺寸长度为 31 mm，直径为 $\phi 42$ mm，毛坯件如图 5-16 所示。

视　频

加工第一个
平行面

视　频

加工第二个
平行面

图 5-15　立方体零件图

图 5-16　毛坯件

加工工艺如下：

（1）铣削毛坯件两个平行面

用平口钳夹住毛坯件外圆，铣削两个平行面。铣削加工后，两个平行面的厚度为 29 mm，尺寸公差为 ±0.1 mm，保证两个平行面的平行度误差为 0.05 mm，铣削后的平行面如图 5-17 所示。

（2）铣削另两个平行面

用平口钳夹住已加工好的两个平行面，铣削另外两个平行面，两个平行面的厚度尺寸同样为 29 mm，尺寸公差为 ±0.1 mm，两个平行面的平行度误差为 0.05 mm，如图 5-18 所示。

图 5-17 铣削后的平行面

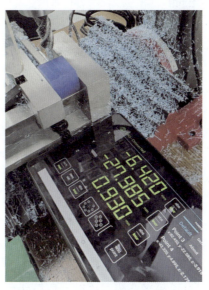

图 5-18 铣削后的另两个平行面

视频

加工第三个平行面

（3）铣削最后两个平行面

用平口钳夹住刚加工好的两个平行面，铣削最后两个平行面，两个平行面的厚度尺寸同样为 29 mm，尺寸公差为 ±0.1 mm，两个平行面的平行度误差为 0.05 mm，如图 5-19 所示。

3. 成品展示

加工好的立方体如图 5-20 所示。

图 5-19 铣削后的最后两个平行面

图 5-20 加工好的立方体

巩固与练习

一、填空题

1. 车床主要是用车刀对_____进行车削加工的机床。
2. 铣床主要是指用铣刀对工件多种表面进行加工的机床。通常以_____为主运动，_____为进给运动。
3. 仪表车床属于简单的卧式车床，一般来说，工件加工直径在_____以下的机床，多属于仪表车床。
4. 仪表铣床属于简单的立式铣床，主要用于普通钢、铜铝及非金属的铣削、_____、_____等加工工艺，适合小批量的生产，单机生产。

二、选择题

1. 背吃刀量是指主刀刃与工件切削表面接触长度（　　）。
   A. 在切削平面的法线方向上测量的值
   B. 正交平面的法线方向上测量的值
   C. 在基面上的投影值
   D. 在主运动及进给运动方向所组成的平面的法线方向上测量的值
2. 车削的主运动由（　　）来完成。
   A. 工件　　　　　B. 刀具　　　　　C. 工件和刀具　　　　　D. 刀架
3. 在切削加工中，主运动有（　　）。
   A. 2个　　　　　B. 3个　　　　　C. 1个　　　　　D. 多个
4. 工件在机械加工中允许存在合理的加工误差，这是因为（　　）。
   A. 生产中不可能无加工误差　　　　　B. 零件允许存在一定的误差
   C. 精度要求过高、制造费用太高　　　　　D. 包括上述所有原因

三、判断题

1. （　　）粗加工的主要任务是切除大部分加工余量，对加工精度和表面质量要求不高。
2. （　　）经济精度是指尽量减小获得加工精度的经济成本。
3. （　　）先加工平面后加工孔，是因为有利于保证孔的精度或是孔与平面的相对精度。
4. （　　）工件表面加工遵循先主后次是因为主要表面精度高容易出废品。

项目六

大数据应用技术

大数据应用技术是指与大数据相关的应用技术，包括 API、智能感知、挖掘建模等技术，技术发展涉及机器学习、多学科融合、大规模应用开源技术等领域。大数据价值创造的关键在于大数据的应用，随着大数据技术飞速发展，大数据应用已经融入各行各业。大数据产业正快速发展成为新一代信息技术和服务业态，即对数量巨大、来源分散、格式多样的数据进行采集、存储和关联分析，并从中发现新知识、创造新价值、提升新能力。

任务一　认识大数据技术

素养园地

了解我国大数据发展状况、华为公司为大数据技术所做的贡献、华为大数据平台 FusionInsight 框架，深植家国情怀，养成文化认同，增强民族自信；提升大数据学习兴趣，树立职业素养和社会责任感。

任务目标

1. 知识目标

① 了解大数据时代、大数据起源与发展、大数据定义及特征。
② 了解大数据应用领域、大数据关键技术、大数据计算模式及大数据在企业中的应用架构。
③ 熟悉大数据处理架构 Hadoop 功能及其生态系统。
④ 了解华为对大数据技术的开源贡献、华为大数据平台 FusionInsight 产品框架及功能，从而明确大数据平台的设计思路和部署方法。

2. 能力目标

① 掌握大数据的基本理论。
② 熟悉大数据处理架构 Hadoop 的功能。

3. 素质目标

① 树立严谨的学习态度，通过对新一代 IT 技术的学习，提升学习兴趣。
② 通过大数据应用领域的学习，自觉养成将大数据技术运用于自己专业的科学思维，探索大数据技术运用新举措。
③ 养成运用学习资源和学习工具，自主学习和终身学习的习惯。

任务描述

通过本任务的学习,掌握大数据定义、5V 特征、大数据存储单位及其之间的换算关系。了解大数据技术的起源、发展及应用领域。理解结构化、半结构化和非结构化数据概念。理解数据采集与预处理、数据存储和管理、数据处理与分析、数据安全和隐私保护等大数据技术。了解批处理、查询分析、图计算、流计算等大数据计算模式。熟悉 Hadoop 生态系统各组件功能。了解大数据在企业中的架构和华为大数据平台 FusionInsight 框架。

任务实现

一、背景介绍

伴随着互联网技术的快速发展,物联网、社交网络、云计算等技术兴起,互联网上数据信息正以前所未有的速度增长和积累。物联网传感器感应的实时信息,每时每刻都在产生大量的结构化和非结构化数据,这些数据分散在整个互联网网络体系内,体量巨大,全球数据量呈现爆发增长、海量集聚等特点,海量数据令人难以抉择,作为信息化发展的新阶段,大数据应运而生。大数据引领新时代的工业革命,大数据时代已经来临。

二、大数据技术基本理论

1. 大数据时代

大数据,顾名思义,是指规模巨大的数据。三分技术七分数据,得"数据"者得天下。大数据的大量、高速以及多样性,能够让用户快速地获取资源,而云计算则可以为用户提供存储。"大数据"牵引、拉动信息化建设向更高层发展。

大数据是指无法在一定时间范围内,用常规软件工具进行捕捉、管理和处理的数据集合,是具有更强的决策力、洞察力、发现力和流程优化能力的海量、高增长率和多样化的信息资产。维基百科对大数据的定义是:大数据是指利用常用软件工具捕获、管理和处理数据所耗时间超过可容忍时间的数据集。

大数据的"5V"特征是指体量巨大(volume)、处理速度快(velocity)、类型繁多(variety)、价值密度低(value)、数据准确可信赖(veracity)。

因大数据体量巨大,需要有更大的存储单位来表示大数据的容量。常用的数据存储单位有比特(bit)、字节(Byte)、千字节(KB)、兆字节(MB)、吉字节(GB)、太字节(TB)、拍字节(PB)、艾字节(EB)、泽字节(ZB)和尧字节(YB)等,它们之间的换算关系见表 6-1。

表 6-1 数据存储单位之间的换算关系

单 位	换 算 关 系
Byte(字节)	1Byte=8 Bit
KB(Kilobyte 千字节)	1 KB=2^{10} Byte=1 024 Byte
MB(Megabyte 兆字节)	1 MB=2^{10} KB=1 024 KB
GB(Gigabyte 吉字节)	1 GB=2^{10} MB=1 024 MB
TB(Trillionbyte 太字节)	1 TB=2^{10} GB=1 024 GB
PB(Petabyte 拍字节)	1 PB=2^{10} TB=1 024 TB
EB(Exabyte 艾字节)	1 EB=2^{10} PB=1 024 PB
ZB(Zettabyte 泽字节)	1 ZB=2^{10} EB=1 024 EB
YB(Yottabyte 尧字节)	1 YB=2^{10} ZB=1 024 ZB

大数据在不同行业及领域都有其广泛的使用，为不同行业提供有用的价值，提高工作效率，保证工作质量。

大数据帮助城市实现智慧交通，提升紧急应急能力；大数据帮助企业提升营销的针对性，降低物流和库存的成本，减少投资的风险；大数据帮助实现流行病预测、智慧医疗、健康管理，帮助医药行业提升药品的临床使用效果。

大数据在高频交易、社交情绪分析、信贷风险分析、三大金融创新领域发挥重大作用。大数据帮助人们解读 DNA，了解更多的生命奥秘。总之，实施大数据分析的结果是积极的，参与其中的每个人都在享受着改善决策、提高生产力、改善作业现场安全和降低最小风险。未来大数据的身影将无处不在，就算无法准确预测大数据会将人类社会带往到哪种最终形态，但只要发展脚步在继续，因大数据而产生的变革浪潮，将很快覆盖地球的每一个角落。人类以前延续的是文明，现在传承的是信息，世界已进入新时代，大数据、万物互联、云计算、云存储、云分享等正改变人们的生活，让这个时代更加精彩。

2. 大数据的起源

"大数据"作为一种概念和思潮由计算领域发端，之后逐渐延伸到科学和商业领域。1998 年美国高性能计算公司 SGI 的首席科学家约翰·马西（John Mashey）在一个国际会议报告中首次提出"Big Data（大数据）"的概念。2007 年，数据库领域的先驱人物吉姆·格雷（Jim Gray），开启了从科研视角审视大数据的热潮。2012 年，牛津大学教授维克托·迈尔 - 舍恩伯格（Viktor Mayer-Schnberger）的畅销著作"Big Data: A Revolution That Will Transform How We Live, Work, and Think"引发商业应用领域对大数据方法的广泛思考与探讨。大数据于 2012 年、2013 年达到其宣传高潮，2014 年大数据生态系统逐渐成形。

3. 大数据发展现状及趋势

世界各国都将大数据作为国家战略。2011 年 12 月 12 日欧盟正式推出《数据价值链战略计划》，用大数据改造传统治理模式，降低公共部门成本，并促进经济增长和就业增长。2013 年 6 月，安倍内阁正式公布新 IT 战略《创建最尖端 IT 国家宣言》，以开放大数据为核心的 IT 国家战略。2013 年 6 月 17 日、18 日，美、英、法、德、意、加、日、俄召开 G8 峰会，发布了《G8 开放数据宪章》，提出要加快推动数据开放和利用。2014 年英国政府发布《英国数据能力发展战略规划》，旨在利用数据产生商业价值、提振经济增长、承诺开放交通、天气、医疗方面的核心数据库。

中国也正在实施国家大数据战略，加快建设数字中国。党的十八届五中全会将大数据上升为国家战略。中共中央总书记习近平强调，大数据发展日新月异，我们应该审时度势、精心谋划、超前布局、力争主动，深入了解大数据发展现状和趋势及其对经济社会发展的影响，分析我国大数据发展取得的成绩和存在的问题，推动实施国家大数据战略，加快完善数字基础设施，推进数据资源整合和开放共享，保障数据安全，加快建设数字中国，更好地服务我国经济社会发展和人民生活改善。要推动大数据技术产业创新发展、构建以数据为关键要素的数字经济、运用大数据提升国家治理现代化水平、运用大数据促进保障和改善民生、切实保障国家数据安全。

回顾过去几年，我国大数据发展可总结为："进步长足，基础渐厚；喧嚣已逝，理性回归；成果丰硕，短板仍在；势头强劲，前景光明"。2024 年及以后大数据发展呈现以下四大趋势：

（1）生成式人工智能、高级分析和机器学习不断发展

随着大量数据的生成，传统的分析方法受到了挑战，因为它们不容易实现大规模数据分析的自动化。分布式处理技术，尤其是 Hadoop 和 Spark 等开源平台推广的技术，使组织能够快速处理 PB 级信息。企业使用大数据分析技术来优化其商业智能和分析计划，从依赖于数据仓库技术

的缓慢报告工具转向更智能、响应更快的应用,从而更好地了解客户行为、业务流程和整体运营。

(2)数据的多样性推动了处理的进步和边缘计算的兴起

数据生成的速度持续加快。这些数据大部分不是由数据库中发生的业务交易生成的,而是来自其他来源,包括云系统、网络应用、视频流、智能手机和语音助手等智能设备。这些数据很大程度上是非结构化的,在过去,这些数据大多未被组织处理和使用,从而变成了所谓的暗数据。

(3)大数据存储需求刺激云和混合云平台创新,以及数据湖的增长

为了应对不断增长的数据生成,组织正在花费更多的资源将这些数据存储在一系列基于云和混合云的系统中,这些系统针对大数据的所有"V"进行了优化。在过去的几十年里,组织管理自己的存储基础设施,导致企业必须管理、保护和运营庞大的数据中心。云计算的发展改变了这种动态。通过将责任转移给云基础设施提供商,如 AWS、Google、Microsoft、Oracle 和 IBM,组织可以处理几乎无限量的新数据,并按需支付存储和计算能力的费用,而无须维护自己的大型复杂数据中心。

(4)数据运营和数据管理脱颖而出

大数据处理、存储和管理的许多方面将在未来几年持续发展。这种创新很大程度上是由技术需求驱动的,但也有部分是由我们思考数据和与数据相关的方式的变化驱动的。一个创新领域是 DataOps 的出现,这是一种专注于敏捷迭代方法的方法和实践,用于处理在组织中流动的数据的完整生命周期。DataOps 的流程和框架解决了从生成到存档整个数据生命周期的组织需求,而不是以零碎的方式考虑数据,由不同的人来处理数据的生成、存储、传输、处理和管理。

4. 大数据关键技术

(1)结构化、半结构化和非结构化数据

大数据技术是指伴随着大数据的采集、存储、分析和应用的相关技术,是一系列使用非传统的工具来对大量的结构化、半结构化和非结构化数据进行处理,从而获得分析和预测结果的一系列数据处理和分析技术。

① 结构化数据。结构化数据是指可以使用关系型数据库表示和存储,表现为二维形式的数据。数据以行为单位,一行数据表示一个实体的信息,每一行数据的属性相同。结构化数据的存储和排列很有规律,这对查询和修改等操作很有帮助。但结构化数据的扩展性差,当字段不固定时,就需要反复修改数据结构,容易导致后台接口从数据库取数据出错。结构化数据主要应用场景如企业 ERP、财务系统、医疗 HIS 数据库、教育一卡通、政府行政审批、其他核心数据库等。存储方案基本包括高速存储、数据备份、数据共享以及数据容灾等需求。结构化数据举例见表 6-2。

表 6-2 结构化数据举例

序 号	姓 名	性 别	电 话	地 址
1	张一	女	051783858300	江苏省淮安市开发区枚乘东路 8 号
2	王二	男	051783858200	江苏省淮安市清江浦区和平路 2 号
3	李三	女	051783858201	江苏省淮安市淮安区翔宇大道 80 号

② 半结构化数据。半结构化数据是结构化数据的一种形式,虽不符合关系型数据库或其他数据表的形式关联起来的数据模型结构,但包含相关标记,用来分隔语义元素以及对记录和字段进行分层。半结构化数据也被称为自描述的结构。半结构化数据的典型应用场景有邮件系统、WEB 集群、教学资源库、数据挖掘系统、档案系统等,存储需求主要是数据存储、数据备份、数据共享和数据归档等。常见的半结构化数据有 XML 和 JSON。下面是一个半结构化数据的实例。

```
<person>
    <name>A</name>
    <age>13</age>
    <gender>female</gender>
</person>
```

③ 非结构化数据。非结构化数据是数据结构不规则或不完整，没有预定义的数据模型，不方便用数据库二维逻辑表来表现的数据。常见的非结构化数据包括视频、音频、图片、图像、文档、文本等。典型应用案例如医疗影像系统、教育视频点播、视频监控、国土 GIS、设计院、文件服务器（PDM/FTP）、媒体资源管理等，存储需求主要是数据存储、数据备份和数据共享等。非结构化数据的格式非常多样，标准也是多样性的，而且在技术上非结构化信息比结构化信息更难标准化和理解，存储、检索、发布以及利用需要更加智能化的 IT 技术，比如海量存储、智能检索、知识挖掘、内容保护、信息的增值开发利用等。

（2）大数据技术

从数据分析全流程的角度，大数据技术主要包括数据采集与预处理、数据存储和管理、数据处理与分析、数据安全和隐私保护等几个层面的内容。

数据采集是将分散在各处的数据，采用相应的设备或软件进行采集。数据无处不在，如互联网网站、政务系统、零售系统、办公系统、自动化生产系统、监控摄像头、传感器等，每时每刻都在不断产生数据。采集到的数据通常无法直接用于后续的数据分析，因为来源众多、类型多样的数据，不可避免地存在数据缺失和语义模糊等问题，必须采取数据预处理过程，把数据变成一个可用的状态。数据经过预处理后，会用文件系统或数据库系统进行存储与管理，然后采用数据挖掘工具对数据进行分析处理，最后用可视化工具为用户呈现结果。在整个数据处理过程中，还必须注意隐私保护和数据安全问题。

5. 大数据计算模式

大数据计算模式有批处理计算、流计算、图计算、查询分析计算等。

（1）批处理计算

批处理计算主要解决针对大规模数据的批量处理，也是日常数据分析工作中最常见的一类数据处理需求。MapReduce 是最具有代表性和影响力的大数据批处理技术，可以并行执行大规模数据处理任务，用于大规模数据集（大于 1 TB）的并行运算。MapReduce 可极大方便分布式编程工作，它将复杂的、运行于大规模集群上并行计算过程高度地抽象到两个函数——Map 和 Reduce 上，编程人员在不会分布式并行编程的情况下，也可以很容易地将自己的程序运行在分布式系统上，完成海量数据集的计算。

Spark 是一个针对超大数据集合的低延迟的集群分布式计算系统，比 MapReduce 快许多。Spark 启用了内存分布数据集，除了能够提供交互式查询外，还可以优化迭代工作负载。在 MapReduce 中，数据流从一个稳定的来源进行一系列加工处理后，流出到一个稳定的文件系统（如 HDFS）。而 Spark 则使用内存替代 HDFS 或本地磁盘来存储中间结果，因此 Spark 要比 MapReduce 的速度快许多。

（2）流计算

流数据（或数据流）是指在时间分布和数量上无限的一系列动态数据集合体，数据的价值随着时间的流逝而降低，因此必须采用实时计算的方式给出秒级响应。流计算可以实时处理来自不同数据源的、连续到达的流数据，经过实时分析处理，给出有价值的分析结果。目前业内已涌现出许多的流计算框架与平台：第一类是商业级流计算平台，包括 IBM InfoSphere Streams 和 IBM StreamBase 等；第二类是开源流计算框架，包括 Twitter Storm、Yahoo!S4（Simple Scalable Streaming System）、Spark Streaming 等；第三类是公司为支持自身业务开发的流计算框架，如 Facebook 使用 Puma 和 HBase 相结合来处理实时数据，百度开发了通用实时流数据计算系统 DStream，淘宝开发了通用流数据实时计算系统——银河流数据处理平台。

（3）图计算

在大数据时代，许多大数据都是以大规模图或网络形式呈现，如社交网络、传染病传播途径、交通事故对路网的影响等，此外，许多非图结构的大数据也常常会被转换为图模型后再进行处理分析。因此，针对大型图的计算，需要采用图计算模式，目前已经出现了不少相关图计算产品，如 Pregel、GraphX、Giraph、PowerGraph、Hama、GoldenOrb 等。

（4）查询分析计算

针对超大规模数据的存储管理和查询分析，需要提供实时或准实时的响应，才能很好地满足企业经营管理需求。Google 公司开发的 Dremel 是一种可扩展的、交互式的实时查询系统，用于只读嵌套数据的分析。通过结合多级树状执行过程和列式数据结构，它能在几秒内完成对万亿张表的聚合查询。

6. 大数据在企业中的应用架构

Hadoop 在许多大型公司都有相关应用，如 Facebook 公司采用 Hadoop 集群进行日志处理、推荐系统和数据仓库等。在企业中对大量数据源抓取并进行分析，最典型的应用包括数据分析、数据实时查询、数据挖掘三种。从底层数据源得到数据后，为支持上层的三种应用，要通过中间的大数据层，即整个 Hadoop 相关技术来支撑。大数据层提供了整个 Hadoop 软件框架技术，不同的 Hadoop 组件可实现不同的企业分析。底层用 Hadoop 平台中的分布式文件存储 HDFS 来满足企业大量的数据存储需求，以供数据分析。第一类是离线分析，可对许多数据进行批量处理，最典型的批量处理工具是 MapReduce，还可以利用 Hadoop 平台中的数据仓库 Hive 和 Pig 来实现离线数据分析。第二类是实时数据查询，典型的工具是 HBase 数据库，HBase 是分布式的、面向列的、可支持几十亿行数据存储。第三类是数据挖掘，典型的工具是 Hadoop 平台中的 Mahout，Mahout 可以用 MapReduce 实现大量的数据挖掘、机器分析和商务智能算法。Hadoop 在企业中的应用架构如图 6-1 所示。

图 6-1　Hadoop 在企业中的应用架构

7. 大数据处理架构 Hadoop

（1）Hadoop 简介

Hadoop 是 Apache 软件基金会旗下的一个开源分布式计算平台，为用户提供了系统底层细节透明的分布式基础架构。Hadoop 是基于 Java 语言开发的，具有很好的跨平台特性，可部署在廉价的计算机集群中。Hadoop 的核心是分布式文件系统（Hadoop distributed file system，HDFS）和 MapReduce。HDFS 是面向普通硬件环境的分布式文件系统，具有较高的读写速度、很好的容错性和可伸缩性，支持大规模数据的分布式存储，其冗余数据存储的方式很好地保证了数据的安全性。MapReduce 允许用户在不了解分布式系统底层细节的情况下开发并行应用程序。采用 MapReduce 来整合分布式文件系统上的数据，可保证分析和处理数据的高效性。借助于 Hadoop，程序员可以轻松地编写分布式并行程序，并将其运行于廉价计算机集群上，完成海量数据的存储与计算。

Hadoop 被公认为行业大数据标准开源软件，在分布式环境下提供海量数据处理能力。几乎所有主流厂商都围绕 Hadoop 提供开发工具、开源软件、商业化工具和技术服务，如谷歌、雅虎、微软、思科、淘宝等支持 Hadoop，国内采用 Hadoop 的公司主要有百度、淘宝、网易、华为、中国移动等。Hadoop 具有高可靠性、高效性、高可扩展性、高容错性、低成本、Linux 平台、支持多种语言等特性。

（2）Hadoop 生态系统

Hadoop 的项目结构不断丰富发展，已经形成一个丰富的 Hadoop 生态系统。目前已包含多个子项目，除了 HDFS 和 MapReduce 两大核心以外，Hadoop 生态系统还包括 HBase、Hive、Pig、Mahout、Zookeeper、Flume、Sqoop、Ambari 等功能组件。Hadoop 2.0 中还新增了一些重要的组件，即 HDFS HA 和分布式资源调度管理框架 YARN。Hadoop 生态系统如图 6-2 所示。

图 6-2 Hadoop 生态系统

① HDFS。Hadoop 分布式文件系统 HDFS 具有处理超大数据、流式处理、可以运行在廉价商用服务器上等优点。HDFS 在设计之初就是要运行在廉价的大型服务器集群上，把硬件故障作为一种常态来考虑，保证在部分硬件发生故障的情况下仍然能够保证文件系统的整体可用性和可靠性。HDFS 实现以流的形式访问文件系统中的数据，在访问应用程序数据时，具有很高的吞吐率，适用于超大数据集的应用程序底层数据存储。

② MapReduce。Hadoop MapReduce 是一种编程模型,可以把输入的数据集切分为若干独立的数据块,分发给一个主节点管理下的各个分节点来共同并行完成计算任务,通过整合各个节点的中间结果得到最后结果。

③ HBase。HBase 是一个提供高可靠性、高性能、可伸缩、实时读写、分布式的列式数据库,一般采用 HDFS 作为其底层数据存储。HBase 与传统关系数据库的一个重要区别是,前者采用基于列的存储,而后者采用基于行的存储。HBase 具有良好的横向扩展能力,可以通过不断增加廉价的商用服务器来增加存储能力。

④ Hive。Hive 是一个基于 Hadoop 的数据仓库工具,可以用于对 Hadoop 文件中的数据集进行数据整理、特殊查询和分析存储。Hive 提供了类似于关系数据库 SQL 语言的查询语言——HiveQL。可以快速实现简单的 MapReduce 统计,将 HiveQL 语句转换为 MapReduce 任务运行,而不必开发专门的 MapReduce 应用,十分适合数据仓库的统计分析。

⑤ Pig。Pig 是一种数据流语言和运行环境,适合于使用 Hadoop 和 MapReduce 平台来查询大型半结构化数据集。Pig 的出现大大简化了 Hadoop 常见的工作任务,它在 MapReduce 的基础上创建了更简单的过程语言抽象,为 Hadoop 应用程序提供了一种更加接近结构化查询语言(SQL)的接口。Pig 是一个相对简单的语言,它可以执行语句,因此当需要从大型数据集中搜索满足某个给定搜索条件的记录时,采用 Pig 要比 MapReduce 具有明显的优势。前者只需要编写一个简单的脚本在集群中自动并行处理与分发,而后者则需要编写一个单独的 MapReduce 应用程序。

⑥ Mahout。Mahout 提供一些可扩展的机器学习领域经典算法实现,旨在帮助开发人员更加方便快捷地创建智能应用程序。Mahout 包含聚类、分类、推荐过滤、频繁子项挖掘等,也可通过使用 Apache Hadoop 库,将 Mahout 有效扩展到云中。

⑦ Zookeeper。Zookeeper 是一个高效和可靠的协同工作系统,提供分布式锁之类的基本服务(如统一命名服务、状态同步服务、集群管理、分布式应用配置项的管理等),用于构建分布式应用,减轻分布式应用程序所承担的协调任务。Zookeeper 使用 Java 编写,它使用了一个和文件树结构相似的数据模型,可以使用 Java 或者 C 来进行编程接入。

⑧ Flume。Flume 是一个高可用的、高可靠的、分布式的海量日志采集、聚合和传输的系统。Flume 支持在日志系统中定制各类数据发送方,用于收集数据;同时,Flume 提供对数据进行简单处理并写到各种数据接受方的能力。

⑨ Sqoop。Sqoop 是 SQL-to-Hadoop 的缩写,主要用来在 Hadoop 和关系数据库之间交换数据,可以改进数据的互操作性。通过 Sqoop 可以方便地将数据从 MySQL、Oracle、PostgreSQL 等关系数据库中导入 Hadoop(可以导入 HDFS、HBase 或 Hive),或者将数据从 Hadoop 导出到关系数据库,使得传统关系数据库和 Hadoop 之间的数据迁移变得非常方便。Sqoop 主要通过 JDBC(Java dataBase connectivity)和关系数据库进行交互。理论上,支持 JDBC 的关系数据库都可以使 Sqoop 和 Hadoop 进行数据交互。Sqoop 是专门为大数据集设计的,支持增量更新,可以将新记录添加到最近一次导出的数据源上,或者指定上次修改的时间戳。

⑩ Ambari。Apache Ambari 是一种基于 Web 的工具,支持 Apache Hadoop 集群的安装、部署、配置和管理。Ambari 目前已支持大多数 Hadoop 组件,包括 HDFS、MapReduce、Hive、Pig、HBase、Zookeeper、Sqoop 等。

8. 华为大数据平台 FusionInsight 的架构框架

主流厂商都围绕 Hadoop 提供开发工具、开源软件、商业化工具和技术服务,比较典型的大数据产品有雅虎的 Hortonworks，由 Facebook、谷歌、雅虎和甲骨文共同创建的 Cloudera，惠普的 MapR，华为的 FusionInsight 等。华为对 Hadoop 开源社区贡献度如图 6-3 所示。

图 6-3　华为对 Hadoop 开源社区贡献度

华为大数据解决方案 FusionInsight 的架构框架如图 6-4 所示。其中，Hadoop 层提供大数据处理环境，基于社区开源软件增强。DataFarm 层提供支撑端到端数据洞察，建立"数据→信息→知识→智慧"的数据供应链。其中，Porter 是数据集成服务、Miner 是数据挖掘服务、Farmer 是数据服务框架；Manager 是一个分布式系统管理框架，管理员可以从单一接入点操控分布式集群，包括系统管理、服务治理和数据安全管理等。

(a)

图 6-4　华为大数据解决方案 FusionInsight 的架构框架

（b）

图 6-4　华为大数据解决方案 FusionInsight 的架构框架（续）

任务二　　Hadoop 大数据平台的安装与应用

素养园地

在 Hadoop 大数据平台的安装和配置过程中，体验耐心、细致、严勤学习风格的重要性，能运用大数据解决实际问题。

任务目标

1. 知识目标

① 掌握基于 Windows 操作系统安装和配置 Hadoop 大数据平台的步骤和方法，了解所安装工具的工作原理。

② 了解 Hadoop 的核心组件 HDFS 和 MapReduce 工作原理。

2. 能力目标

① 在 Windows 操作系统中完成 Hadoop 大数据平台的安装和配置。

② 学会 JDK 的安装与环境配置。

③ 能运用 HDFS 和 MapReduce 解决实际问题，提升自己大数据技术的学习和应用能力，并能将大数据技术与自己的专业有机结合。

3. 素质目标

① 树立严谨的学习态度，通过对新一代 IT 技术的学习，提升学习兴趣。

② 养成大数据思维，主动运用学习资源和学习工具，养成自主学习和终身学习的习惯。

任务描述

通过本任务学习，学会 Hadoop 工具的安装、解压和环境配置。通过在 Hadoop 上的命令运用，了解 Hadoop 核心组件 HDFS 的应用方法，如文件夹的创建、显示与删除，文件创建、上传与下载等操作；通过调用 Hadoop 中的典型函数 wordcount，来统计一篇英文文章中各单词出现的次数，了解 Hadoop 核心组件 MapReduce 的运用。通过完成实验操作任务，理解大数据计算环境，训练大数据基本操作技能。

任务实现

一、背景介绍

根据调研，与大数据技术相关的岗位类型有市场营销类、系统集成与项目实施类、系统运维类、大数据开发类，岗位名称有大数据客户经理、大数据售前技术工程师、大数据实施工程师、大数据运维工程师、爬虫工程师、ETL 工程师、可视化工程师等，见表 6-3。

大数据计算环境与传统的计算环境有什么区别？如何构建一个大数据计算环境呢？考虑到读者都熟悉 Windows 操作系统，下面来介绍在 Windows 操作系统下安装、配置和使用 Hadoop 大数据平台。

表 6-3　大数据相关岗位

岗位类型	岗位名称
市场营销类	大数据客户经理
	大数据售前技术工程师
系统集成与项目实施类	大数据实施工程师
系统运维类	大数据运维工程师
大数据开发类	爬虫工程师
	ETL 工程师
	可视化工程师

二、基于 Windows 的 Hadoop 大数据平台安装与配置

1. JDK 的安装

Java 作为一种编程语言，在大数据领域中有着举足轻重的作用。它是 Apache Hadoop 平台的核心开发语言，Hadoop 技术构筑在 Java 之上，专为分布式存储和大规模数据处理设计。所以安装 Hadoop 之前必须安装 Java。JDK 是 Java development kit 的缩写，是 Java 的开发工具包，主要包含各种类库和工具。

（1）下载 JDK 安装包并完成安装

访问 Oracle 官网，打开的网站页面如图 6-5 所示。需要录入账号和密码，登录后才可下载。

视频
实验一JDK的安装

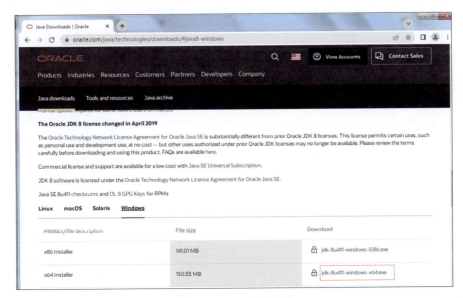

图 6-5　JDK 官网下载

下载 jdk-8u281-windows-x64.exe，存放在"D:\"盘中，双击该文件即开始安装，然后按照安装向导完成 JDK 安装。默认安装位置在"C:\Program Files\Java\"目录下，如图 6-6 所示。

这里将 JDK 直接安装在默认路径下，即"C:\Program Files\Java\jdk1.8.0_281\"，单击"下一步"按钮，打开如图 6-7 所示的安装进度界面。

图 6-6　JDK 默认安装路径

图 6-7　安装进度界面

等待安装进度条满格，完成 JDK 安装后，开始安装 jre，如图 6-8 所示。

图 6-8　jre 默认安装路径

这里将 jre 也直接安装在默认路径下，即"C:\Program Files\Java\jre1.8.0_281"，单击"下一步"按钮，打开如图 6-9 所示界面。

图 6-9　jre 安装进度界面

等待安装进度条满格，完成 jre 安装后，即完成 Java 的安装，如图 6-10 所示。

单击"关闭"按钮，完成 Java 的安装。

（2）配置 Java 环境变量

完成 Java 安装后，需要配置环境变量，步骤如下：

① 设置系统变量 JAVA_HOME。右击"此电脑"，在弹出的快捷菜单中选择"属性"→"高级系统设置"→"环境变量"命令，打开环境变量设置界面，如图 6-11 所示。

图 6-10 完成 Java 安装

图 6-11 环境变量设置界面

在图中的"系统变量"窗口中单击"新建"按钮，新建一个环境变量"JAVA_HOME"，设置其值为"C:\Program Files\Java\jdk1.8.0_281"，如图 6-12 所示。

图 6-12 新建系统变量 JAVA_HOME

单击"确定"按钮，完成 JAVA_HOME 的创建。

② 设置 Path。继续在"系统变量"窗口中找到 Path，如图 6-13 所示。

单击"编辑"按钮，打开"编辑环境变量"窗口，如图 6-14 所示。

图 6-14 展示的是 Path 环境变量当前的取值列表。此处单击"新建"按钮，将 Java 可执行文件的安装路径"C:\Program Files\Java\jdk1.8.0_281\bin"添加到路径列表中，如图 6-15 所示。

单击"确定"按钮，完成 Java 路径的配置。

注意：如果 Windows 系统版本较低，找到 Path，将这个新添加的值和此前已经存在的值之间用英文分号隔开。上面的"jdk1.8.0_281"是刚才已经安装的 JDK 的版本号，如图 6-16 所示。

图 6-13 选择系统变量 Path

图 6-14 编辑环境变量窗口　　　　　　图 6-15 设置 Java 路径

图 6-16 在低版本 Windows 系统中配置 Path

在 Windows 系统中，Path 环境变量是一个非常重要的概念。它是一个系统级别的变量，用于存储操作系统在执行命令时所需要的路径信息。如果 Path 环境变量设置不当，会导致系统无法正常运行。在 Windows 系统中，Path 环境变量的作用主要有两个：一是为了方便用户在命令行中执行程序；二是为了让操作系统在执行命令时能够找到相应的程序文件。

（3）访问 Java 验证

Java 路径设置好后，要验证 Java 是否可以访问。操作如下：右击 Windows 桌面的"开始"→"运行"，打开命令窗口，如图 6-17、图 6-18 所示。

图 6-17　右击桌面"开始"→"运行"　　　　图 6-18　打开"运行"窗口

输入 cmd 命令，打开命令行窗口，如图 6-19、图 6-20 所示。

图 6-19　输入 cmd 命令

图 6-20　打开命令行窗口

在命令行窗口中，输入"java –version"命令，测试是否安装成功，如图 6-21 所示。

图 6-21　验证 Java 是否安装成功

图中出现了"java version 1.8.0_281"，表示 Java 安装成功。

2. Hadoop 的安装与配置

（1）Hadoop 的安装

① 下载 Hadoop 安装包文件。打开 Hadoop 下载页面，下载安装文件包 hadoop-3.1.3.tar.gz，如图 6-22 所示。

视频
实验二
Hadoop的安装

图 6-22　Hadoop 安装包下载页面

将 hadoop-3.1.3.tar.gz 下载放在 D: 盘根目录中，即"D:\hadoop-3.1.3.tar.gz"。

② 下载工具集 winutils。由于 Hadoop 不直接支持 Windows 系统，因此需要使用工具集 winutils。这里下载与 Hadoop3.1.3 配套的 winutils，进入下载页面，如图 6-23 所示。

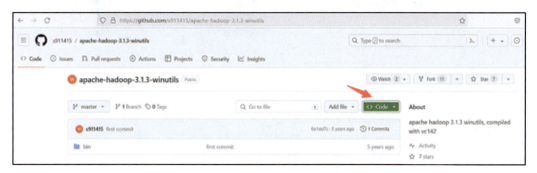

图 6-23　打开 winutils 下载页面

单击 Code 按钮，然后在弹出的菜单中单击 Download ZIP 按钮即可下载得到压缩文件 apache-hadoop-3.1.winutils-master.zip，如图 6-24 所示。

图 6-24　找到 Hadoop 版本对应的 winutils

选择 HTTPS，单击 Download ZIP 按钮，开始下载 winutils，如图 6-25 所示。

图 6-25　下载 winutils

也可以访问课程配套资源，将 apache-hadoop-3.1.3-winutils-master.zip 下载放在 D:\ 盘中。

③ 解压缩 Hadoop 安装包和 winutils 工具包。分别解压 hadoop-3.1.3.tar.gz 和 apache-hadoop-3.1.3-winutils-master.zip 到"D:\"。

右击文件名 hadoop-3.1.3.tar.gz，在弹出的快捷菜单中选择"解压到当前文件夹"命令，即可在"D:\"盘中生成一个文件夹"D:\hadoop-3.1.3"，如图 6-26 所示。

图 6-26　解压 Hadoop 安装包

右击文件名 apache-hadoop-3.1.3-winutils-master.zip，在弹出的快捷菜单中选择"解压到当前文件夹"命令，在"D:\"盘中生成一个文件夹"D:\apache-hadoop-3.1.3-winutils-master"，如图 6-27 所示。

图 6-27　解压 winutils 工具包

解压完成后在"D:\"生成 hadoop-3.1.3 文件夹和 apache-hadoop-3.1.3-winutils-master 文件夹，如图 6-28 所示。

④ 用 winutils 中 bin 子目录替换 Hadoop 中的 bin 子目录。打开 hadoop-3.1.3 文件夹，将 bin 子目录删除，再将 apache-hadoop-3.1.3-winutils-master 文件夹中的 bin 子目录复制到 hadoop-3.1.3 文件夹中，整个替换 Hadoop 中的 bin 目录，如图 6-29、图 6-30 所示。

项目六　大数据应用技术

图 6-28　解压完成　　　　　图 6-29　删除 D:\hadoop-3.1.3\bin 子目录

图 6-30　复制 winutils\bin 子目录到 hadoop-3.1.3 中

183

再打开 D:\hadoop-3.1.3，右击，在弹出的快捷菜单中选择"粘贴"命令，将 winutils 中的 bin 子目录粘贴到"D:\hadoop-3.1.3"，如图 6-31 所示。

图 6-31　将完成 hadoop 中的 bin 子目录的替换

至此，完成了 hadoop 中的 bin 子目录的替换，如图 6-32 所示。

图 6-32　完成 hadoop 中的 bin 子目录替换

⑤ 在 hadoop 中创建子目录。在"D:\hadoop-3.1.3"目录下新建 tmp 子目录，再在 tmp 子目录下新建两个子目录，分别是 datanode 和 namenode，如图 6-33、图 6-34、图 6-35 所示。

图 6-33　在"D:\hadoop-3.1.3"下新建 tmp 目录

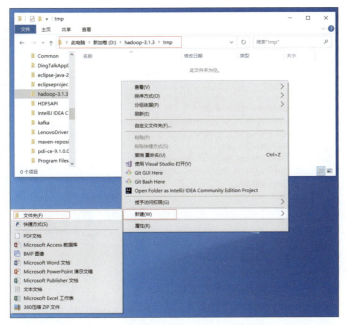

图 6-34　在"D:\hadoop-3.1.3\tmp"下新建 datanode 和 namenode 子目录

图 6-35　完成创建 datanode 和 namenode 两个子目录

（2）Hadoop 的配置

① 设置 Hadoop 环境变量和路径。与 Java 安装一样，也要对 Hadoop 配置环境变量和 Path 路径。操作如下：右击"此电脑"，在弹出的快捷菜单中选择"属性"→"高级系统设置"→"环境变量"命令，见图 6-11 所示。

在系统变量中"新建"一个名称为"HADOOP_HOME"的变量，设置其值为"D:\hadoop-3.1.3"，如图 6-36 所示。

图 6-36　设置系统变量 HADOOP_HOME

找到"系统变量"窗口中的 Path，见图 6-13。

单击"编辑"按钮，打开"编辑环境变量"页面，如图 6-37 所示。

图 6-37 "编辑环境变量"页面

单击"新建"按钮,添加"D:\hadoop-3.1.3\bin"和"D:\hadoop-3.1.3\sbin"两条路径,单击"确定"按钮,如图 6-38 所示。

图 6-38 添加 hadoop-3.1.3 下的"bin"和"sbin"两条路径

② 在命令行测试是否能访问 hadoop。打开一个命令行窗口，输入以下命令：

```
hadoop version
```

运行结果如图 6-39 所示。

图 6-39　测试是否能访问 hadoop

图 6-41 中出现错误提示"Error :JAVA_HOME is incorrectly set.Please update D: \hadoop-3.1.3\etc\hadoop\hadoop-env.cmd"，即 JAVA_HOME 设置不正确，请修改 D:\hadoop-3.1.3\etc\hadoop\hadoop-env.cmd，说明访问不成功，需要进一步配置。

③ 修改 hadoop-env.cmd 文件中的 JAVA_HOME。首先，在 Windows 中系统的文件主菜单中找到"查看"，勾选"文件扩展名"复选框，如图 6-40 所示。

图 6-40　选中"文件扩展名"选项

在 Windows 中的"D:\hadoop-3.1.3\etc\hadoop"目录下找到 hadoop-env.cmd 文件，右击该文件，在弹出的快捷菜单中选"编辑"命令，打开该文件，如图 6-41、图 6-42 所示。

图 6-41　编辑 hadoop-env.cmd

图 6-42　找到要修改的设置 JAVA_HOME 语句

找到"set JAVA_HOME=%JAVA_HOME%"语句，把 %JAVA_HOME% 替换成 JDK 的绝对路径，比如：

```
set JAVA_HOME=C:\Program Files\Java\jdk1.8.0_281
```

注意：如果采用这种带有空格的路径，后面运行"hdfs namenode –format"命令时就会报错，因为 Program Files 中存在空格。

为了解决上述问题，可以使用下面两种方式之一进行处理：

a. 只需要用 PROGRA~1 代替 Program Files，即改为

```
set JAVA_HOME= C:\PROGRA~1\Java\jdk1.8.0_281
```

b. 使用双引号，即改为

```
set JAVA_HOME="C:\Program Files"\Java\jdk1.8.0_281
```

此处选择 a 方式，用"set JAVA_HOME=C:\PROGRA~1\Java\jdk1.8.0_281"替换"set JAVA_HOME=%JAVA_HOME%"，如图 6-43 所示。

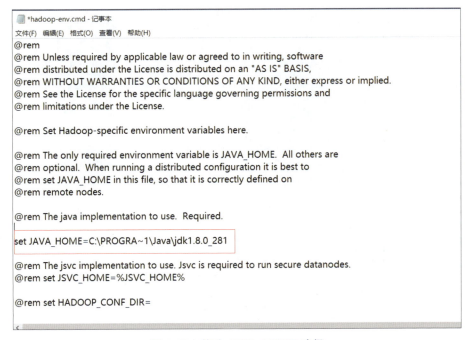

图 6-43　修改 JAVA_HOME 路径

保存退出后，再在命令行测试 Hadoop 是否安装成功，命令如下：

```
hadoop version
```

运行结果如图 6-44 所示。

图 6-44　测试访问 Hadoop

由图 6-46 可见，正确访问到 hadoop 3.1.3，说明环境变量设置成功。

④ 修改 core-site.xml 文件。在"D:\hadoop-3.1.3\etc\hadoop"下找到"core-site.xml"文件，右击该文件，在弹出的快捷菜单中选择"打开方式"→"记事本"命令，打开该文件，如图 6-45、图 6-46 所示。

图 6-45　记事本方式打开 core-site.xml 文件

图 6-46　core-site.xml 内容

将图 6-48 中的 <configuration>...</configuration> 修改为以下代码：

```
<configuration>
    <property>
        <name>fs.default.name</name>
        <value>hdfs://localhost:9000</value>
    </property>
</configuration>
```

将分布式文件系统的默认名称设置为"hdfs://localhost:9000",如图 6-47 所示。

图 6-47　修改 core-site.xml 文件的配置信息

⑤ 修改 hdfs-site.xml 文件。在"D:\hadoop-3.1.3\etc\hadoop"下找到"hdfs-site.xml"文件,右击该文件,在弹出的快捷菜单中选中"打开方式"→"记事本"命令,打开该文件,如图 6-48、图 6-49 所示。

图 6-48　记事本方式打开 hdfs-site.xml 文件

图 6-49　hdfs-site.xml 内容

将图 6-49 中的 <configuration>...</configuration> 修改为以下代码：

```
<configuration>
    <property>
        <name>dfs.replication</name>
        <value>1</value>
    </property>
    <property>
     <name>dfs.permissions</name>
     <value>false</value>
    </property>
    <property>
        <name>dfs.namenode.name.dir</name>
        <value>D:\hadoop-3.1.3\tmp\namenode</value>
    </property>
    <property>
        <name>dfs.datanode.data.dir</name>
        <value>D:\hadoop-3.1.3\tmp\datanode</value>
    </property>
</configuration>
```

上述参数的含义是：将 hadoop 的文件备份数设为 1，分布式文件系统的名称节点目录设置为 "D:\hadoop-3.1.3\tmp\namenode"，数据节点目录设置为 "D:\hadoop-3.1.3\tmp\datanode"，修改界面如图 6-50 所示。

（3）格式化并启动 Hadoop 系统

① 在 Windows 系统中打开一个 cmd 窗口，执行如下命令对 Hadoop 系统进行格式化：

```
hdfs namenode -format
```

上述命令执行以后，出现 "successfully formatted"，说明格式化成功，如图 6-51 所示。

图 6-50　修改"hdfs-site.xml"文件的配置信息

图 6-51　格式化成功

② 启动 hadoop。命令如下：

start-dfs.cmd

执行该命令以后，会同时弹出另外两个 cmd 窗口，如图 6-52 所示。

图 6-52 hadoop 启动成功弹出两个 cmd 窗口

新弹出的两个 cmd 窗口不要关闭。在刚才执行 start-dfs.cmd 命令的 cmd 窗口内，继续执行 JDK 自带的命令 jps，查看 Hadoop 已经启动的进程，命令如下：

```
jps
```

运行结果如图 6-53 所示。

由图 6-53 可见，Hadoop 启动了 Jps、DataNode 和 NameNode 三个进程。

③ 使用 WEB 管理页面访问 Hadoop。启动 Hadoop 后，就可以在浏览器中访问 WEB 管理页面，输入以下地址：

```
http://localhost:9870
```

图 6-53 查看 Hadoop 启动的进程

打开如图 6-54 所示的 Hadoop WEB 管理页面。

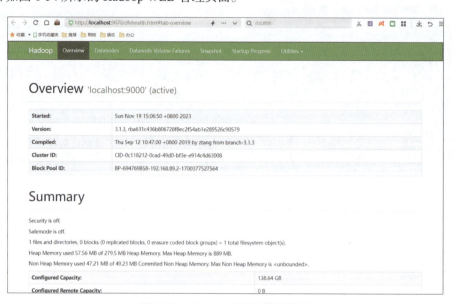

图 6-54 Hadoop WEB 管理页面

在图 6-54 中，单击顶部右侧的菜单选项"Utilities"，在弹出的子菜单中选择 Browse the file system 命令，可以创建、查看、删除目录和文件，如图 6-55、图 6-56 所示。

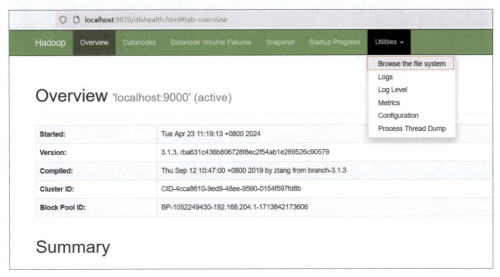

图 6-55　选择页面中的"Browse the file system"

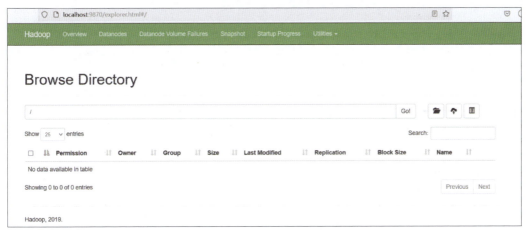

图 6-56　WEB 管理页面中的文件管理功能

三、大数据平台 Hadoop 的应用

1. HDFS 的基本使用方法

使用命令操作 HDFS。除了在浏览器中通过 WEB 方式操作 HDFS 以外，还可以在 cmd 窗口中使用命令对 HDFS 进行操作。

（1）在 HDFS 上创建目录

【例 6-1】在 HDFS 上创建名称为"/user"的目录，在"/user"下再创建子目录"xiaoming"，命令如下：

```
hdfs dfs -mkdir hdfs://localhost:9000/user/
hdfs dfs -mkdir hdfs://localhost:9000/user/xiaoming
```

视　频

实验三HDFS
的应用体验

运行结果如图 6-57 所示。

图 6-57　在 HDFS 上创建目录

此时，刷新 Hadoop 的 WEB 管理页面，可以看到已在 HDFS 系统上创建好了"/user"和"/user/xiaoming"目录，如图 6-58、图 6-59 所示。

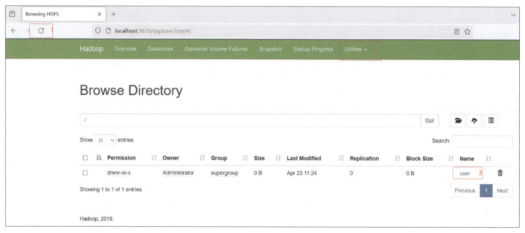

图 6-58　在 WEB 管理页面查看到"/user"目录

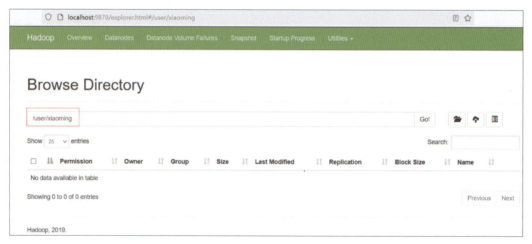

图 6-59　在 WEB 管理页面查看到"/user/xiaoming"子目录

（2）把本地文件上传到 HDFS 系统

【例 6-2】在"D:\"下创建一个文件 test.txt，文件内容输入一行语句"I love hadoop"，如图 6-60、图 6-61 所示。

项目六 大数据应用技术

图 6-60 在"D:\"上创建一个文本文件操作

图 6-61 文件内容为"I love hadoop"

把"D:\test.txt"文件上传到 HDFS 中,使用如下命令:

`hdfs dfs -put d:\test.txt hdfs://localhost:9000/user/xiaoming`

运行结果如图 6-62 所示。

图 6-62 把本地文件上传到 HDFS

查看 HDFS 中的目录和文件,命令如下:

`hdfs dfs -ls hdfs://localhost:9000/user/xiaoming`

运行结果如图 6-63 所示。

图 6-63　查看 HDFS 中的目录和文件

刷新浏览器，可见 /user/xiaoming 文件夹下多了文件 test.txt，如图 6-64 所示。

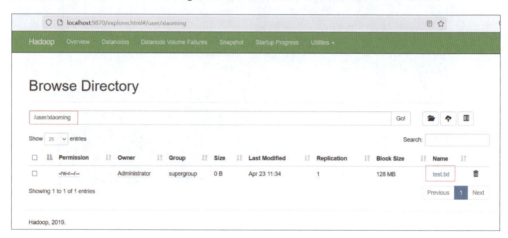

图 6-64　在 WEB 中查看到 test.txt 文件

（3）查看 HDFS 上的文件内容

【例 6-3】把 HDFS 中的 test.txt 文件内容显示到本地屏幕上。

命令如下：

hdfs dfs -cat hdfs://localhost:9000/user/xiaoming/test.txt

运行结果如图 6-65 所示。

图 6-65　查看 HDFS 上的 test.txt 文件内容

（4）把 HDFS 中的文件下载到本地

【例 6-4】把 HDFS 上的 test.txt 文件下载到本地 D:\，并重命名为 test1.txt。

命令如下：

hdfs dfs -get hdfs://localhost:9000/user/xiaoming/test.txt d:\test1.txt

运行结果如图 6-66、图 6-67 所示。

图 6-66　把 HDFS 中的文件下载到本地

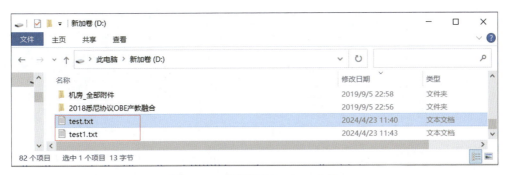

图 6-67 本地出现 test1.txt 文件

由图 6-69 可见，本地"D:\"上出现了 test1.txt 文件，说明从 HDFS 上下载文件 test.txt，将文件名修改为 test1.txt 命令执行成功。

2. MapReduce 的使用

【例 6-5】现有一个文件，内容如下：

hadoop mapreduce hive flume
hbase spark storm flume sqoop hadoop hive kafka
spark hadoop storm

要求：调用 Hadoop 自带的程序 wordcount，统计文件中每个单词出现的次数。

操作过程如下：

（1）在本地创建一个文本文件 data_input.txt

在 D:\ 中创建一个文件 data_input.txt，将文件内容录入，如图 6-68、图 6-69、图 6-70 所示。

实验四
MapReduce
的应用体验

图 6-68 在 D:\ 中创建文本文件

图 6-69　文件名为 data_input.txt

图 6-70　录入 data_input.txt 的文件内容

（2）将 data_input.txt 文件上传到 HDFS 上。将 data_input.txt 上传到 HDFS 的 /user/xiaoming/ 目录下，命令如下：

```
hdfs dfs -put d:\data_input.txt hdfs://localhost:9000/user/xiaoming
```

（3）查看文件是否上传成功。命令如下：

```
hdfs dfs -ls hdfs://localhost:9000//user/xiaoming
```

输出结果如图 6-71 所示。

图 6-71　上传数据文件到 HDFS 中

（4）执行 MapReduce 程序。这里运行 Hadoop 自带的 wordcount 计数程序，具体命令如下：

```
hadoop jar d:/Hadoop-3.1.3/share/hadoop/mapreduce/hadoop-mapreduce-examples-3.1.3.jar
          wordcount hdfs://localhost:9000//user/xiaoming/data_input.txt
     hdfs://localhost:9000/user/xiaoming/output
```

参数说明如下：

hdfs://localhost:9000/user/xiaoming/data_input.txt：输入 data_input.txt 文件所在的 HDFS 上的完整路径名称。

hdfs://localhost:9000/user/xiaoming/output：HDFS 结果数据输出目录。

注意：命令中各参数之间用空格，不用回车换行。命令输入结束，执行命令按回车键。执行成功后会输出如图 6-72 所示的信息。

图 6-72　MapReduce 程序执行成功

（5）查看执行结果

① 在命令行窗口查看执行结果。查看执行结果比较简单，先查看 HDFS 上是否创建了 /user/xiaoming/output 目录，命令如下：

```
hdfs dfs -ls hdfs://localhost:9000/user/xiaoming
```

输出结果如图 6-73 所示。

图 6-73　查看执行结果

可以看到，在 wordcount 程序执行的过程中，自动创建了 hdfs://localhost:9000/user/xiaoming/output 目录。

接下来查看 /user/xiaoming/output 目录下的信息，命令如下：

`hdfs dfs -ls hdfs://localhost:9000/user/xiaoming/output`

输出结果如图 6-74 所示。

图 6-74　查看 wordcount 程序运行结果

可见 wordcount 运行结果存放到了 part-r-00000 文件中，输入如下命令查看文件中的内容：

`hdfs dfs -cat hdfs://localhost:9000/user/xiaoming/output/part-r-00000`

输出结果如图 6-75 所示。

图 6-75　查看 part-r-00000 文件中的内容

可见 wordcount 程序将 data_input.txt 文件的单词个数全部统计出来了。

② 在 WEB 页面中查看执行结果。刷新 WEB 页面，可以看到 HDFS 中新建了"/user/xiaoming/output"目录，如图 6-76 所示。

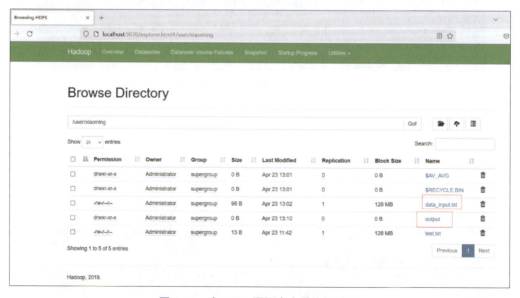

图 6-76　在 WEB 页面中查看执行结果

在"/user/xiaoming/output"目录下生成了两个文件，即 _SUCCESS 和 part-r-00000，如图 6-77 所示。

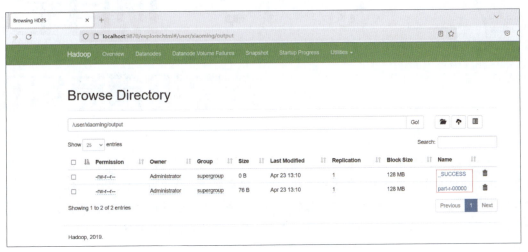

图 6-77 "output"目录下生成了两个文件

至此，完成了 Hadoop 大数据平台的安装配置与应用体验。

巩固与练习

一、填空题

1. 大数据技术主要包括_____、_____、_____、_____和隐私保护。
2. 大数据计算模式有_____、_____、_____和流计算等。
3. Hadoop 在企业中的应用架构包含_____、_____、_____三层。

二、简答题

1. 大数据的定义是什么？
2. 大数据有哪 5V 特征？
3. 大数据存储单位有哪些？写出它们之间的换算关系。
4. 请比较结构化、半结构化和非结构化数据的区别。
5. Hadoop 在企业中的应用架构有哪三层？
6. Hadoop 生态系统有哪些组件？

三、实验题

在 Windows 系统上安装 Hadoop 大数据平台，并练习任务二中 HDFS 和 MapReduce 的应用案例，理解大数据计算环境，训练大数据基本操作技能。

项目七 大数据创意编程

编程是编定程序的中文简称，就是让计算机代为解决某个问题，对某个计算体系规定一定的运算方式，使计算体系按照该计算方式运行，并最终得到相应结果的过程。为了使计算机能够理解人的意图，人类就必须将需解决的问题的思路、方法和手段通过计算机能够理解的形式告诉计算机，使得计算机能够根据人的指令一步一步去工作，完成某种特定的任务。这种人和计算体系之间交流的过程就是编程。

本项目基于大数据平台，以 Python 语言中的 Turtle 库为例，让学生了解计算机程序从构思、编写、运行到调试、优化、成品等全过程。本项目要求学生熟识程序语法，理解程序逻辑，灵活运用程序算法，写出规定程序。

任务一　编程初相识

素养园地

① 了解"新质生产力"是创新起主导作用，摆脱传统经济增长方式、生产力发展路径，具有高科技、高效能、高质量特征，符合新发展理念的先进生产力质态。新质生产力的显著特点是创新。

② 充分了解当今社会是计算机科学与网络通信技术高速发展的社会。大数据、人工智能、虚拟现实等信息化技术的发展直接影响到国家信息化事业的发展，影响国家综合竞争力。

③ 了解编程在信息化社会发展中的核心地位，响应国家号召，激发编程兴趣，培养编程思维，努力将自己塑造成国家需要的高素质复合型人才。

任务目标

1. 知识目标

① 了解大数据时代编程的重要地位。
② 了解编程基础知识。
③ 认识 Python 和 Pycharm。

2. 能力目标

① 了解编程基本概念，形成编程思维。
② 理解语言和集成开发环境之间的关系，形成独立开发的意识。

③ 学会安装 Python 和 Pycharm。

3. 素质目标

① 培养编程思维，掌握编程相关软件操作，熟练计算机操作。

② 提升对编程重要性的认识，培养对编程的兴趣，加强理性思维能力。

本项目通过对编程概念、历史、过程介绍，让学生了解编程，形成基本的开发思维。通过带领学生安装相关软件，让学生对编程开发前期准备工作有所接触和了解。

一、名言导入

当你编出一个程序，便能立即看到你的思想的实现！所有的事情以一种非常有趣的方式联系在了一起，也正是这一类的东西促使我进入这一领域。

——里奇（C 语言之父）

二、程序编写相关概念

1. 编程

编程（programming）是编定程序的中文简称，就是让计算机代码解决某个问题，对某个计算体系规定一定的运算方式，使计算体系按照该计算方式运行，并最终得到相应结果的过程。为了使计算机能够理解（understand）人的意图，人类就必须将需解决的问题的思路、方法和手段通过计算机能够理解的形式告诉计算机，使得计算机能够根据人的指令一步一步去工作，完成某种特定的任务。这种人和计算体系之间交流的过程就是编程。

2. 语言

编程语言（programming language）可以简单地理解为一种计算机和人都能识别的语言。一种计算机语言让程序员能够准确地定义计算机所需要使用的数据，并精确地定义在不同情况下所应当采取的行动。

编程语言处在不断发展和变化中，从最初的机器语言发展到如今的 2 500 种以上的高级语言，每种语言都有其特定的用途和不同的发展轨迹。编程语言并不像人类自然语言发展变化一样的缓慢而又持久，其发展是相当快速的，这主要是计算机硬件、互联网和 IT 业的发展促进了编程语言的发展。

近几年来，Python 语言上升势头比较迅速，其主要原因在于大数据和人工智能领域的发展，随着产业互联网的推进，Python 语言未来的发展空间将进一步得到扩大。Python 语言是一种高层次的脚本语言，目前应用于 Web 和 Internet 开发、科学计算和统计、教育、软件开发和后端开发等领域，且有着简单易学、运行速度快、可移植、可扩展、可嵌入等优点。

三、相关软件介绍与安装

1. Python 的认识

Python 是一种跨平台的计算机程序设计语言，是一个高层次的结合了解释性、编译性、互动性和面向对象的脚本语言。最初被设计用于编写自动化脚本 (shell)，随着版本的不断更新和语言新功能的添加，越来越多被用于独立的、大型项目的开发。软件图标如图 7-1 所示。

视频

软件的安装

图 7-1　Python 软件图标

2. Python 的安装

下载完成后打开，这里下载的是 3.6.4。

① 选中 Add Python 3.6 to PATH 复选框是把 Python 的安装路径添加到系统环境变量的 Path 变量中。选择 Install Now 默认将 Python 安装在 C 盘目录下。选择 Customize installation 可自定义路径，如图 7-2 所示。

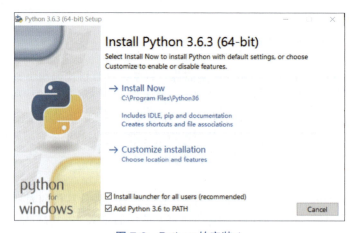

图 7-2　Python 的安装 1

② 选择 Customize installation 后，这一步默认全选，未全选的需要全选，再单击 Next 按钮，如图 7-3 所示。

图 7-3　Python 的安装 2

③ 选中 Install for all users 复选框，路径根据自己的需要选择，如图 7-4 所示。

图 7-4　Python 的安装 3

④ 单击 Install 按钮，开始安装，如图 7-5 所示。

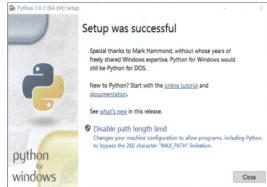

图 7-5　Python 的安装 4

⑤ 验证是否安装成功。打开 cmd，输入 python，出现以下提示，表示安装成功，如图 7-6 所示。

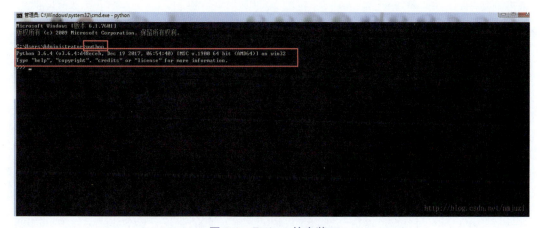

图 7-6　Python 的安装 5

3. PyCharm 的认识

PyCharm 是一种 Python IDE（集成开发环境），带有一整套可以帮助用户在使用 Python 语言开发时提高其效率的工具，比如调试、语法高亮、Project 管理、代码跳转、智能提示、自动完成、单元测试、版本控制。此外，该 IDE 还提供了一些高级功能，以用于支持 Django 框架下的专业 Web 开发。同时支持 Google App Engine、IronPython。这些功能在先进代码分析程序的支持下，使 PyCharm 成为 Python 专业开发人员和刚起步人员使用的有力工具。

4. PyCharm 安装

① 双击打开安装应用程序（如有权限问题，右击选择"以管理员身份运行"命令），单击 Next 按钮，可以选择默认路径，也可以自选安装目录，如图 7-7 所示。

图 7-7　PyCharm 的安装 1

② 根据计算机选择 32 位或 64 位，选择 Python 版本，比如 Python 3.8，单击 Next 按钮，再单击 install 按钮，如图 7-8 所示。

图 7-8　PyCharm 的安装 2

③ 单击 Cancel 按钮（如果已装 3.6 版本），再单击 Finish 按钮，如图 7-9 所示。

图 7-9　PyCharm 的安装 3

任务二　Turtle 绘图

素养园地

2024 年政府工作报告提出，深化大数据、人工智能等研发应用，开展"人工智能+"行动，打造具有国际竞争力的数字产业集群。我国早在 2017 年国务院发布的《新一代人工智能发展规划》中就明确指出：人工智能成为国际竞争的新焦点，应逐步开展全民智能教育项目，设置人工智能相关课程、逐步推广编程教育、建设人工智能学科，培养复合型人才，形成我国人工智能人才高地。人工智能，关键和基础在于编程。编程素质深刻影响了人工智能的发展水平。青少年应人人具备编程思维，为国家占领未来科学高地而奋斗。

任务目标

1. 知识目标
① 认识 Turtle 绘图。
② 掌握 Turtle 绘图基础知识。
2. 能力目标
① 掌握绘图原理，学会基本语法，熟悉 Turtle 基本命令。
② 具备自我学习编程能力。
③ 学会运行"机器猫"程序。
3. 素质目标
① 加强与计算机相关的数学能力和英语能力。
② 培养程序阅读能力。

任务描述

了解 Turtle 绘图的历史和基础知识，掌握绘图的基本原理和语法。学会运行第一个展示程序"机器猫"，探索发现其中藏有的基本图形。

任务实现

一、名言导入

用代码行数来评估程序的开发进度，就好比是拿重量来评估一架飞机的建造进度。

——比尔·盖茨（前微软总裁）

二、Turtle库的介绍

Python 的 Turtle 库是一个直观有趣的图形绘制函数库，Turtle（海龟）图形绘制的概念诞生于 1969 年，由于 Turtle 图形绘制概念十分直观且非常流行，Python 接受了这个概念，形成了一个 Python 的 Turtle 库，并成为标准之一。本任务结合代码实例全面介绍 Turtle 库的使用。

三、Turtle 绘图基础知识和语法

1. 绘图坐标体系

Turtle 库绘制图形有一个基本框架：一个小海龟在坐标系中爬行，其爬行轨迹形成了绘制图形。对于小海龟来说，有"前进"、"后退"和"旋转"等爬行行为，对坐标系的探索也通过"前进方向"、"后退方向"、"左侧方向"和"右侧方向"等小海龟自身角度方位来完成。刚开始绘制时，小海龟位于画面正中央，此处坐标为（0,0），行进方向为水平右方。注：①屏幕是 Turtle 的绘图区域，可以设置屏幕的大小和背景颜色。其中,屏幕的坐标原点在屏幕的中心。②海龟（别名:画笔）：绘图所用的画笔，它是一个 Turtle 类所创建的对象。海龟有颜色、画线的宽度、位置和方向等属性，如图 7-10 所示。

图 7-10 Turtle 库绘制图形基本框架

turtle.setup(width,height,height,starty) 作用：设置主窗体的大小和位置。width 为窗口宽度，height 为窗口高度，startx 为窗口左侧与屏幕左侧的像素距离,starty 为窗口顶部与屏幕顶部的像素距离。width、height 输入宽和高为整数时，表示像素；为小数时，表示占据计算机屏幕的比例。startx、starty 如果为空，则窗口位于屏幕中心。

关于角度，习惯认为 x 轴正半轴为 0°，负半轴为 180°。y 轴正半轴为 90°，负半轴为 270°，如图 7-11 所示。

图 7-11　主窗体的大小和位置及坐标系度数

2. 画笔的运动命令

画笔的运动命令控制画笔的行动轨迹，具体说明见表 7-1。

表 7-1　画笔的运动命令

命　　令	说　　明
fd(distance)	向当前画笔方向移动 distance 像素长度
backward(distance)	向当前画笔相反方向移动 distance 像素长度
right(degree)	顺时针移动 degree
left(degree)	逆时针移动 degree
pendown()	移动时绘制图形，默认时也为绘制
goto(x,y)	将画笔移动到坐标为 x,y 的位置
penup()	提起笔移动，不绘制图形，用于另起一个地方绘制
circle()	画圆，半径为正（负），表示圆心在画笔的左边（右边）画圆
setx()	将当前 x 轴移动到指定位置
sety()	将当前 y 轴移动到指定位置
seth(angle)	设置当前朝向为 angle 角度
home()	设置当前画笔位置为原点，朝向 x 轴正半轴方向
dot(r)	绘制一个指定直径和颜色的圆点

3. 画笔的控制命令

画笔的控制命令为图形补充属性，具体说明见表 7-2。

表 7-2　画笔的控制命令

命　　令	说　　明
fillcolor(colorstring)	绘制图形的填充颜色
color(color1，color2)	同时设置 pencolor=color1，fillcolor=color2
filling()	返回当前是否在填充状态
begin_fill()	准备开始填充图形
end_fill()	填充完成
hideturtle()	隐藏画笔的 turtle 形状
showturtle()	显示画笔的 turtle 形状
pensize(width)	设置画笔宽度
pencolor(colorstring)	设置画笔颜色

4. 全局控制命令

全局控制命令主要设置图形整体属性,具体说明见表 7-3。

表 7-3 全局控制命令

命 令	说 明
clear()	清除,但是 turtle 的位置和状态不会改变
reset()	清空窗口,重置 turtle 状态为起始状态
undo()	撤销上一个 turtle 动作
degrees()	使用角度制计算角的大小(默认为角度制)
radians()	使用弧度制计算角的大小
stamp()	复制当前图形
write(s,font=("font-name",font_size,"font_type"))	写文本,s 为文本内容,font 是字体的参数,分别为字体名称、大小和类型;font 为可选项,font 参数也是可选项

5. 部分命令详解

(1) circle( ) 函数

circle(radius, extent=None, steps=None)

描述:以给定半径画圆

参数:

radius(半径):半径为正(负),表示圆心在画笔的左边(右边)画圆;

extent(弧度)(optional);

steps(optional)(做半径为 radius 的圆的内切正多边形,多边形边数为 steps)。

举例:

```
circle(50)          # 整圆;
circle(50,steps=3)  # 三角形;
circle(120, 180)    # 半圆。
```

(2) for 循环语句

for 循环语句使用的语法:

    for 变量名 in range(start,stop,step):

for 循环需要执行的代码流程如图 7-12 所示。

功能:从 start 开始产生整数序列 start,start+step, start+2*step,…其中,最后一个数小于 stop,即满足公式 start+n*step<stop,start,step,stop 都是整数,且 start<stop,如 start,step 省略,默认为 0,1。

例如:range(3,10,2) 将产生序列 3,5,7,9;

range(-10,10,4) 将产生序列 -10,-6,-2,2,6。

(3) bgcolor( ) 函数

在海龟绘图中,可以用 bgcolor( ) 函数来设置画布的背景颜色。该函数的参数可以使用一个颜色名称或一个 RGB 颜色值。一些常用的颜色名称及其对应的 RGB 值见表 7-4,特殊颜色 RGB 值可在"画图"软件中查询。

图 7-12 for 循环需要执行的代码流程

表 7-4　常用的颜色名称及其对应的 RGB 值

颜 色 名 称	RGB 值	颜 色 名 称	RGB 值
白色	（255,255,255）	蓝色	（0,0,255）
黑色	（0,0,0）	黄色	（255,255,0）
红色	（255,0,0）	紫色	（128,0,128）
绿色	（0,255,0）	橙色	（255,165,0）

四、运行"机器猫"程序

① 打开 PyCharm，选择 File → New Project 命令，创建一个新项目，如图 7-13 所示。
② 选择项目保存的位置，如图 7-14 所示。

视 频

代码的引入
与运行

图 7-13　创建一个新项目　　　　图 7-14　选择项目保存位置

③ 选择项目名，右击，选择 New → Python File 命令，如图 7-15 所示。

图 7-15　新建 Python File 文件

④ 输入文件名，单击 OK 按钮，如图 7-16 所示。
⑤ 在代码区域输入"机器猫"代码，单击运行，代码区如图 7-17 所示。

图 7-16　输入文件名　　　　　　图 7-17　代码区域

⑥ 附录："机器猫"程序清单，运行结果如图 7-18 所示。

```
import turtle as t
t.pensize(8)
t.hideturtle()
#哆啦A梦脸的外圈蓝色
t.fillcolor('#00A1E8')
t.begin_fill()
t.circle(120)
t.end_fill()
#哆啦A梦脸的内圈白色
t.pensize(3)
t.fillcolor('white')
t.begin_fill()
t.circle(100)
t.end_fill()
#哆啦A梦的鼻子
t.penup()
t.home()
t.goto(0,134)
t.pendown()
t.pensize(4)
t.fillcolor("#EA0014")
t.begin_fill()
t.circle(18)
t.end_fill()
#哆啦A梦的鼻尖
t.penup()
t.goto(7,155)
t.pensize(2)
t.color('white','white')
t.pendown()
t.begin_fill()
t.circle(4)
t.end_fill()
#哆啦A梦的鼻尖
t.penup()
t.goto(7,155)
t.pensize(2)
t.color('white','white')
t.pendown()
t.begin_fill()
t.circle(4)
t.end_fill()
#哆啦A梦的右眼
t.penup()
t.goto(30,160)
t.pensize(4)
t.pendown()
t.color('black','white')
t.begin_fill()
a=0.4
for i in range(120):
    if 0 <= i < 30 or 60 <= i < 90:
        a=a+0.08
        t.left(3)         #向左转3度
        t.forward(a)      #向前走a的步长
    else:
        a=a-0.08
        t.left(3)
        t.forward(a)
t.end_fill()
#哆啦A梦的左眼内部
t.penup()
t.goto(-38,190)
t.pensize(8)
t.pendown()
t.right(-30)
t.forward(15)
t.right(70)
t.forward(15)
#哆啦A梦的右眼内部
t.penup()
t.goto(15,185)
t.pensize(4)
t.pendown()
t.color('black','black')
t.begin_fill()
t.circle(13)
t.end_fill()
t.penup()
t.goto(13,190)
t.pensize(2)
t.pendown()
t.color('white','white')
t.begin_fill()
t.circle(5)
t.end_fill()
#哆啦A梦的鼻子下面的黑色竖线
t.penup()
t.home()
t.goto(0,134)
t.pensize(4)
t.pencolor('black')
t.pendown()
t.right(90)
t.forward(40)
#哆啦A梦的右边的胡子（第1根）
t.penup()
t.home()
t.goto(0,124)
t.pensize(3)
t.pencolor('black')
t.pendown()
```

```
t.left(10)
t.forward(80)
# 哆啦A梦的右边的胡子（第2根）
t.penup()
t.home()
t.goto(0,114)
t.pensize(3)
t.pencolor('black')
t.pendown()
t.left(6)
t.forward(80)
# 哆啦A梦的右边的胡子（第3根）
t.penup()
t.home()
t.goto(0,104)
t.pensize(3)
t.pencolor('black')
t.pendown()
t.left(0)
t.forward(80)
# 哆啦A梦的左边的胡子（第1根）
t.penup()
t.home()
t.goto(0,124)
t.pensize(3)
t.pencolor('black')
t.pendown()
t.left(170)
t.forward(80)
# 哆啦A梦的左边的胡子（第2根）
t.penup()
t.home()
t.goto(0,114)
t.pensize(3)
t.pencolor('black')
t.pendown()
t.left(174)
t.forward(80)
# 哆啦A梦的左边的胡子（第3根）
t.penup()
t.home()
t.goto(0,104)
t.pensize(3)
t.pencolor('black')
t.pendown()
t.left(180)
t.forward(80)
# 哆啦A梦的嘴巴（下边沿圆弧和颜色填充）
t.penup()
t.goto(-70,70)
t.pendown()
t.color('black','red')
t.pensize(6)
t.setheading(-60)
t.begin_fill()
t.circle(80,40)
t.circle(80,80)
t.end_fill()
# 哆啦A梦的嘴巴（上边沿的横线）
t.penup()
t.home()
t.goto(-80,70)
t.pendown()
t.forward(160)
# 哆啦A梦的舌头
t.penup()
t.home()
t.goto(-50,50)
t.pendown()
t.pensize(1)
t.fillcolor("orange")
t.setheading(40)
t.begin_fill()
t.circle(-40,40)
t.circle(-40,40)
t.setheading(40)
t.circle(-40,40)
t.circle(-40,40)
t.setheading(220)
t.circle(-80,40)
t.circle(-80,40)
t.end_fill()
# 哆啦A梦的领带
t.penup()
t.goto(-70,12)
t.pensize(14)
t.pencolor('red')
t.pendown()
t.setheading(-20)
t.circle(200,30)
t.circle(200,10)
# 哆啦A梦的铃铛
t.penup()
t.goto(0,-46)
t.pendown()
t.pensize(3)
t.color("black",'#f8d102')
t.begin_fill()
t.circle(25)
t.end_fill()
# 哆啦A梦的铃铛细节
t.penup()
```

```
t.goto(-5,-40)
t.pendown()
t.pensize(2)
t.color("black",'#79675d')
t.begin_fill()
t.circle(5)
t.end_fill()
t.pensize(3)
t.right(115)
t.forward(7)
t.done()
```

图 7-18 "机器猫"程序运行结果

任务三 学习程序、编写程序

素养园地

① 我国在 2023 年全球创新指数排名中居第十二位,为加快培育和发展新质生产力奠定了坚实基础。通过对经典程序算法的多角度学习和探讨,培养发散思维。通过实际阅读、编写、修改程序,培养诚信、百折不挠的性格。

② 树立正确的技能观、职业观,利用所学知识为中国特色社会主义贡献力量。提高自我学习、持续学习的意识和能力,精益求精,博采众长。

任务目标

1. 知识目标

① 读懂相关程序。
② 学会编写简单程序。

2. 能力目标

① 读懂九个 Python 简单程序,理解计算机执行程序过程。
② 根据所学知识完成编程,并学会调试运行 Turtle 程序。

3. 素质目标

① 形成缜密的逻辑结构,在模仿的基础上培养发散的、联系的创新思维。
② 增强工科素养,学会团结合作,集体讨论解决问题。

任务描述

理解 Python 相关程序运行过程,学会运用所学 Turtle 语句知识完成简单绘图,并学会代码调试和尝试代码优化。

任务实现

一、名言导入

任何一个工具,它的一个最重要的、同时也是最难以做到的方面就是对那些学习使用这个工具的人在使用习惯上的影响。如果这个工具是一种编程语言,那么,这种影响——不管我们是否喜欢——将是一种思考习惯上的影响。

——艾兹格·迪科斯彻(计算机科学家)

二、程序理解与绘制

① 程序一：正方形的绘制。使用 Turtle 库的中 forward( ) 和 right( ) 函数绘制一个正方形，边长为 100，画笔宽度为 10，画笔颜色为蓝色，填充颜色为红色。

程序清单：

```
from turtle import *
setup(500,500)
color("blue","red")
pensize(10)
begin_fill()
forward(100)
right(90)
forward(100)
right(90)
forward(100)
right(90)
forward(100)
right(90)
end_fill()
done()
```

图 7-19　程序一运行结果

运行结果如图 7-19 所示。

② 程序二：circle( ) 函数练习。使用 Turtle 库的中 circle( ) 函数绘制圆与多边形的组合体。

程序清单：

```
from turtle import *
setup(1000, 1000)
pensize(5)
color("blue","red")
begin_fill()
circle(100)
end_fill()
circle(100, 360, 8)
color("green","pink")
begin_fill()
circle(100, 360, 4)
end_fill()
circle(100, 360, 2)
done()
```

图 7-20　程序二运行结果

运行结果如图 7-20 所示。

③ 程序三：六角形绘制。利用 Turtle 库绘制一个六角形。

程序清单：

```
from turtle import *
up()
setpos(-150,20)
down()
left(30)
fd(100)
left(60)
```

```
for i in range(5):
    fd(100)
    right(120)
    fd(100)
    left(60)
fd(100)
right(120)
fd(100)
for n in range(6):
    fd(100)
    right(60)
done()
```

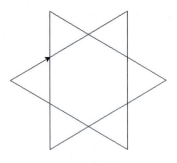

图 7-21　程序三运行结果

运行结果如图 7-21 所示。

④ 程序四：叠加靠边三角形的绘制。使用 Turtle 库中的 fd() 函数和 seth() 函数绘制一棵松树。
程序清单：

```
from turtle import *
fd(50)
seth(120)
fd(100)
seth(0)
fd(50)
seth(120)
fd(150)
seth(-120)
fd(150)
seth(-0)
fd(50)
seth(-120)
fd(100)
seth(0)
fd(50)
seth(270)
fd(50)
seth(0)
fd(50)
seth(90)
fd(50)
done()
```

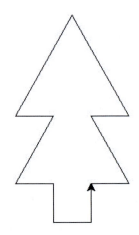

图 7-22　程序四运行结果

运行结果如图 7-22 所示。

⑤ 程序五：绘制一个小花小草的图形。
程序清单：

```
from turtle import *
color("green")
begin_fill()
right(120)
for i in range(20):
    left(1)
```

```
        forward(2 * i)
        pensize(i)
end_fill()
penup()
goto(-100, -50)
pendown()
pensize(1)
color("yellow", "red")
begin_fill()
for i in range(38):
    left(144)
    circle(100, 70)
end_fill()
done()
```

运行结果如图 7-23 所示。

⑥ 程序六：将文本"江苏财经职业技术学院校庆"以圆圈格式输出，字体为黑体，字号为 20，字型为 normal。

程序清单：

```
from turtle import *
text="江苏财经职业技术学院校庆"
for i in text:
    write(i,font=("黑体",20,"normal"))
    right(360/len(text))
    penup()
    fd(40)
hideturtle()
done()
```

图 7-23　程序五运行结果

运行结果如图 7-24 所示。

⑦ 程序七：绘制一颗红色爱心。

程序清单：

```
from turtle import*
fillcolor("pink")
begin_fill()
left(140)
fd(180)
circle(-90,200)
seth(60)
circle(-90,200)
fd(180)
end_fill()
done()
```

图 7-24　程序六运行结果

运行结果如图 7-25 所示。

⑧ 程序八：绘制一个海螺，颜色自定。

程序清单：

```
from turtle import *
color("green","pink")
```

图 7-25　程序七运行结果

```
begin_fill()
for i in range(10,150,10):
    pensize(2)
    circle(i)
    right(60)
    penup()
    fd(10)
    right(-30)
    pendown()
end_fill()
done()
```

运行结果如图 7-26 所示。

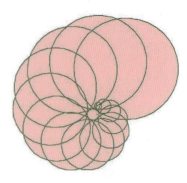

图 7-26　程序八运行结果

⑨ 程序九：六边形螺旋盾牌的绘制。利用 Turtle 库绘制一个六角盾牌。

程序清单：

```
from turtle import *
left(60)
length = 5
speed = 5
for i in range(35):
    fd(length)
    left(60)
    fd(length)
    left(60)
    length += 5
    fd(length)
done()
```

运行结果如图 7-27 所示。

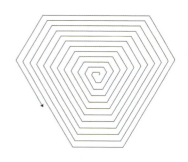

图 7-27　程序九运行结果

巩固与练习

一、填空题

1. color('red','yellow') 中，red 代表_____，yellow 代表_____。
2. 顺时针旋转 68 度，命令为_____。
3. for 循环语句中，rang（5）说明循环_____次。
4. clear() 和 reset() 两个函数处理结果不同的是_____。

二、编程练习

从下面的八幅例图中（见图 7-28）选择或者自己创意至少一幅图形用海龟绘图实现并上传至 Python123 平台中。它是面向工科教学需求的计算机类基础课程教学辅助平台，大家可以把自己绘制的图形在平台上展示交流。

视　频

相关网站的
使用介绍

图 7-28　作业参考例图

项目八 物联网技术

伴随着网络技术、通信技术、智能嵌入技术的迅速发展,"物联网"一词频繁出现在世人眼前。作为网络的重要组成部分之一,物联网受到了学术界、工业界的广泛关注,引起了世界各国的重视,从美国IBM的"智慧地球",到我国的"感知中国",各国纷纷制定了物联网发展规划并付诸实施。业界专家普遍认为,物联网技术将会带来一场新的技术革命,它是继个人计算机、互联网及移动通信网络之后的全球信息产业的第三次浪潮。

任务一 物联网世界探秘

 素养园地

引导学生树立正确的世界观、人生观、价值观,培养学生具有深厚的爱国情感、国家认同感、中华民族自豪感。

物联网技术作为国家战略性新兴产业,对于国家的经济发展和安全稳定具有重要意义。我们应认识到物联网技术在国家安全、智慧城市建设、产业发展等方面的作用,并积极参与其中,为国家的繁荣和发展贡献自己的力量。

 任务目标

1. 知识目标

① 理解物联网的概念。
② 理解物联网的特征。
③ 了解物联网的典型应用。
④ 了解华为物联网的架构。
⑤ 掌握华为物联网实验箱的使用。

2. 能力目标

① 通过物联网相关知识的学习,能分析出生活中各种物联网的架构。
② 熟练叙述物联网系统的数据流向。
③ 能运用所学知识解释物联网在生活中的实施案例。

3. 素质目标

① 增强工科素养。

② 培养团队协作能力、操作规范性和良好的组织纪律性。

任务描述

能够复述物联网的定义及特征，能够讲解物联网的应用领域和典型案例。能够复述华为物联网的架构和物联网系统的数据流向。初步熟悉华为物联网实验箱的使用。

任务实现

一、物联网的概念

物联网，作为新技术，定义千差万别。比较有代表性的有如下几种：

① 百度定义物联网：是通过射频识别、红外感应器、全球定位系统、激光扫描器等信息传感设备，按约定的协议，把任何物品与互联网连接起来，进行信息交换和通信，以实现智能识别、定位、跟踪、监控和管理的一种网络。

② 维基百科定义物联网：把所有物品通过射频识别等信息传感设备和互联网连接起来，实现智能化识别和管理；物联网就是把感应器装备嵌入各种物体中，然后将"物联网"与现有的互联网连接起来，实现人类社会与物理系统的整合。

③ ITU（国际电信联盟）定义物联网：By embedding short-range mobile transceivers into a wide array of additional gadgets and everyday items, enabling new forms of communication between people and people, and between people and things, and between things themselves.（在日常用品中通过嵌入一个额外的小工具和广泛的短距离的移动收发器，使人与人之间、人与事物之间以及事物之间形成信息沟通形式。）From anytime, anyplace connectivity for anyone, we will now have connectivity for anything.（任何时间、任何地点、任何人，我们现在都能够实现相关连接。）

④ EOPSS（欧洲智能系统集成技术平台）定义物联网：Things having identities and virtual personalities operating in smart spaces using intelligent interfaces to connect and communicate within social, environmental, and user contexts.（事物有虚拟人物的身份和经营场所使用的智能接口，在社会环境和用户内容上实现智能连接和沟通。）

二、物联网的特征

（1）全面感知

"感知"是物联网的核心。物联网是由具有全面感知能力的物品和人所组成的。为了使物品具有感知能力，需要在物品上安装不同类型的识别装置，例如，电子标签（tag）、条形码与二维码等，或者通过传感器、红外感应器等感知其物理属性和个性化特征。利用这些装置或设备，可随时随地获取物品信息，实现全面感知。

（2）可靠传递

数据传递的稳定性和可靠性是保证物物相连的关键。为了实现物与物之间信息交互，就必须约定统一的通信协议。由于物联网是一个异构网络，不同的实体间协议规范可能存在差异，需要通过相应的软、硬件进行转换，保证物品之间信息的实时、准确传递。

（3）智能处理

物联网不仅仅提供了传感器的连接，物联网的目的是实现对各种物品（包括人）进行智能化识别、定位、跟踪、监控和管理等功能。这就需要智能信息处理平台的支撑，通过云计算、人工智能等智能计算技术，对海量数据进行存储、分析和处理，针对不同的应用需求，对物品实施智能化的控制。

三、物联网的起源与发展

1999年美国麻省理工学院建立了"自动识别中心（Auto-ID）"，提出"万物皆可通过网络互联"，阐明了物联网的基本含义。早期的物联网是依托射频识别（RFID）技术的物流网络，随着技术和应用的发展，物联网的内涵已经发生了较大变化。物联网的发展如图8-1所示。

概念提出与初步探索阶段	标准化与产业化准备阶段	技术突破与规模化应用阶段	平台化与服务化发展阶段
1990—2005年	2005—2010年	2010—2015年	2015年至今

图8-1 物联网的发展

（1）概念提出与初步探索阶段（1990—2005年）

1999年，美国麻省理工学院的Kevin Ashton教授首次提出了物联网（IoT）的概念，描述了通过信息传感设备将任何物品与互联网连接，以实现智能化识别、定位、跟踪、监控和管理的愿景。早期物联网的研究和应用主要集中在RFID（射频识别）技术、无线传感器网络（WSN）等领域。

（2）标准化与产业化准备阶段（2005—2010年）

国际标准化组织（ISO）成立的物联网工作组，开始制定物联网相关标准。各国政府和企业开始认识到物联网的重要性，纷纷投入资源进行研究和产业化准备。RFID技术得到了广泛应用，推动了物联网在物流、零售等领域的应用。

（3）技术突破与规模化应用阶段（2010—2015年）

物联网技术取得一系列突破，包括传感器技术、云计算、大数据、人工智能等，为物联网的规模化应用提供了技术支撑。物联网开始在智慧城市、智能交通、工业自动化、健康医疗等领域得到广泛应用。

（4）平台化与服务化发展阶段（2015年至今）

随着物联网技术的不断发展，物联网平台逐渐成为连接设备、数据、应用和服务的核心。物联网平台具备连接管理、设备管理、应用开发、数据分析等能力，为物联网应用提供了更加便捷、高效的服务。物联网开始向平台化、服务化方向发展，推动物联网应用向更广泛的领域和更深层次发展。

未来展望：随着5G、边缘计算、人工智能等技术的不断发展，物联网将迎来更加广阔的发展空间和应用前景。物联网将更深入地渗透人们的日常生活和工作中，推动社会的智能化、信息化和绿色化发展。

四、物联网的战略意义

随着物联网的发展，物联网技术得到更加广泛的应用，将使人类社会步入智能化和统一化的时代，物联网产业发展有利于世界各国经济发展。更为重要的是，物联网作为一种新的产业模式，其核心价值除了经济增长之外，还能提升整个社会的运行效率，改变人们的生活方式。

五、物联网的应用

物联网应用层主要面向用户需求,利用所获取的感知数据,经过前期分析和智能处理,为用户提供特定的服务。

目前,物联网应用的研究已经扩展到智能物流、智能交通、绿色建筑、智能电网、环境监测等多个领域。

智能物流:现代物流系统希望利用信息生成设备,如 RFID 设备、感应器或全球定位系统等种种装置与互联网结合起来而形成一个巨大网络,并能够在这个物联化的物流网络中实现智能化的物流管理。

智能交通:通过在基础设施和交通工具当中广泛应用信息、通信技术来提高交通运输系统的安全性、可管理性、运输效能,同时降低能源消耗和对地球环境的负面影响。

绿色建筑:物联网技术为绿色建筑带来了新的力量。通过建立以节能为目标的建筑设备监控网络,将各种设备和系统融合在一起,形成以智能处理为中心的物联网应用系统,有效地为建筑节能减排提供有力的支撑。

智能电网:以先进的通信技术、传感器技术、信息技术为基础,以电网设备间的信息交互为手段,以实现电网运行的可靠、安全、经济、高效、环境友好和使用安全为目的的先进的现代化电力系统。

环境监测:通过对人类和环境有影响的各种物质的含量、排放量,以及各种环境状态参数的检测,跟踪环境质量的变化,确定环境质量水平,为环境管理、污染治理、防灾减灾等工作提供基础信息、方法指引和质量保证。

六、华为物联网实验箱的架构

华为物联网实验箱的架构为 "1+2+1" IOT 架构。底层为各种传感设备,通过两种方式接入物联网平台,最后应用层从物联网平台获取数据。示意图如图 8-2 ～图 8-4 所示。

图 8-2 华为物联网架构

图 8-3　物联网架构

图 8-4　物联网架构

七、华为物联网实验箱的介绍与使用

（1）实验箱介绍

华为实验箱的构成如图 8-5 所示，华为实验箱示意图如图 8-6 所示。华为实验箱中主要有主板电路板（见图 8-7）一块、智慧工业电路板（见图 8-8）一块、智慧家居电路板（见图 8-9）一块、智慧交通电路板（见图 8-10）一块和各种传感器。

图 8-5　华为实验箱的构成

图 8-6　华为实验箱示意图

图 8-7　主板电路板示意图

图 8-8　智慧工业电路板示意图

图 8-9　智慧家居电路板示意图

图 8-10　智慧交通电路板示意图

（2）实验模块介绍

NB-IOT 模块主要由 BG35G 模组、SIM 卡、天线等构成，如图 8-11 所示。

图 8-11　NB-IOT 模块

NB-IOT 模块的安装步骤：
步骤 1：将天线拧紧到天线底座上。
步骤 2：将 SIM 卡插入 SIM 卡插槽中。
步骤 3：将跳线帽连接到 P201 端口和 P202 端口，如图 8-12 所示。

图 8-12　NB-IOT 模块的安装示意图

NB-IOT 网络状态说明：
网络正常时，大概需要 16 s，NB-IOT 模块与 OC 平台通信成功，通信成功后，左上角有 "*" 符号，如图 8-13 所示，右边的 13 为信号值。

图 8-13　NB-IOT 网络状态示意图

各信号值表示的含义见表 8-1。

表 8-1　各信号值表示的含义

信 号 值	通 信 状 态	信 号 值	通 信 状 态
0～10	不稳定	21～30	稳定
11～20	良好	99	信道无效

（3）下载程序使用说明

下载器和计算机连接步骤：
步骤 1：准备好如图 8-14 所示的 ST-LINK V2 下载器和杜邦线。

图 8-14　ST-LINK V2 下载器和杜邦线

视　频

任务一　下载器硬件连接

步骤 2：按照图 8-15 所示进行接线。连接后如图 8-16 所示。

图 8-15　ST-LINK V2 下载器和主控板连接方法示意图

图 8-16　ST-LINK V2 下载器和主控板连接示意图

步骤 3：下载器连接到计算机，如图 8-17 所示。

图 8-17　ST-LINK V2 下载器、主控板和连接示意图

ST-LINK V2 下载器、主控板和计算机连接完成后，需要配置 keil 软件的下载方式：用 keil 5 打开相应的工程文件，然后按照下面步骤进行配置：

步骤 1：打开工程配置选项（参照图 8-18 进行配置）。
步骤 2：打开 Debug 选项（参照图 8-18 进行配置）。
步骤 3：打开可选项（参照图 8-18 进行配置）。
步骤 4：选择 ST-Link Debugger（参照图 8-18 进行配置）。

视频

任务一　下载器配置及下载

图 8-18 keil 软件下载配置示意图 1

步骤 5：单击 Settings 按钮进入图 8-19 所示界面，按图 8-19 所示进行配置，单击"确定"按钮即可。

图 8-19 keil 软件下载配置示意图 2

单击 Flash Download，进入图 8-20 所示界面，按图 8-20 所示进行配置，单击"确定"按钮即可。

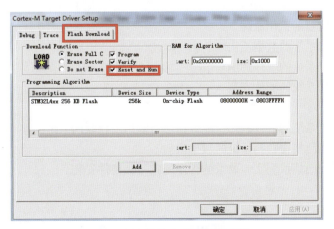

图 8-20 keil 软件下载配置示意图 3

步骤 6：程序下载。单击图 8-21 所示的 1 处的编译按钮进行编译，编译成功后，单击 2 处的下载按钮进行下载。下载完成如图 8-22 所示。

图 8-21　keil 软件编译、下载按钮

图 8-22　下载完成示意图

任务二　智能门禁系统的设计制作

素养园地

引导学生具有良好的职业道德和职业素养。崇德向善、诚实守信、爱岗敬业，具有精益求精的工匠精神；尊重劳动、热爱劳动，具有较强的实践能力；具有质量意识、绿色环保意识、安全意识、信息素养、创新精神；具有较强的集体意识和团队合作精神。

任务目标

1. 知识目标

① 了解门磁传感器的工作原理。
② 了解智能门禁系统的数据流向。
③ 了解智能门禁系统的软件的编写。
④ 了解智能门禁系统的硬件安装。

2. 能力目标

① 通过智能门禁系统的设计制作，能分析出智能门禁物联网系统的架构。
② 熟练叙述智能门禁物联网系统的数据流向。
③ 能够完成智能门禁系统实验要求的程序的编写和硬件安装。

3. 素质目标

① 增强工科素养。
② 培养团队协作能力、操作规范性和良好的组织纪律性。

项目八　物联网技术

任务描述

能够完成智能门禁系统实验要求的软件的编写和硬件安装，能够运用 keil 5 软件补齐智能门禁系统的软件程序，能够利用华为物联网实验箱完成智能门禁系统的硬件安装，最终实现智能门禁物联网系统。

任务实现

一、原理图解析

由原理图 8-23 可知，JP6 与 MC-51 模块相连接，DI1 与 STM32 的 PB0 口相连接，当 DI1 为低电平时，门关；当 DI1 为高电平时，门开。

图 8-23　门禁原理图[①]

根据 JP2 插槽引脚标签可以找到 DI1 与 STM32 芯片的 PB0 引脚相连接，后续代码编写过程中将会对 PB0 引脚进行设置。

二、实验仪器

实验仪器见表 8-2

表 8-2　实验仪器

序号	名　称	数量	实验室位置序号
1	主板	1	04
2	智慧家居板	1	06
3	NB-IOT 模块	1	04
4	MC-51 门禁模块	1	08
5	STM32 烧写器	1	17
6	天线	1	19
7	排线	2	15
8	杜邦线	1	03
9	5 V 电源	1	16
10	螺丝刀	1	20
11	计算机（安装有 keil 软件、RS-232 串口驱动、STlink 下载驱动、串口调试助手等软件）	1	

---

① 类似原理图为仿真软件截图，其中元器件的图形符号与国家标准符号不符，其对照关系如下：对应标准符号为，对应标准符号为。

三、硬件连接

主板的JP8与智慧家居板的JP2通过排线相连接，主板的JP9与智慧家居板的JP1通过排线相连接，5 V电源接到主板，给主板和智慧家居板供电。

视频
任务二 硬件连接

图8-24　主控板与智慧家居板连接示意图

MC-51模块接线示意图如图8-25所示（两根线无正负极之分）。

图8-25　MC-51模块接线示意图

MC-51模块两部分合在一起为关门，两部分分开为开门，如图8-26所示。

图8-26　MC-51模块开关门示意图

四、代码的编写

步骤1：打开工程。打开智慧家居中的代码，Door → MAINBoard_Demo_Student → MDK-ARM → ZHIOT_MB_DEMO 文件，如图8-27所示。

视频
任务二 程序编写

步骤 2：编译。编译的目的是将 .c 文件和 .h 文件关联起来，编译代码单击"编译"按钮，如图 8-28 所示。

图 8-27　ZHIOT_MB_DEMO 文件示意图

图 8-28　编译按钮

编译完成示意图如图 8-29 所示。

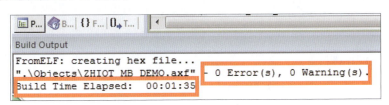

图 8-29　编译完成示意图

步骤 3：编辑 mc51.h 门禁感应模块驱动程序头文件。

双击 mc51.h 文件，打开 mc51.h 文件，如图 8-30 所示。

图 8-30　MC51.h 文件

添加如下代码：

```
/********code********start***/
void MC51_Init(void);// 初始化传感器函数
uint8_t MC51_Read_State(void);// 传感器状态读取函数
/********code********end*****/
```

步骤 4：编辑 mc51.c 文件。

双击 mc51.c 文件，打开 mc51.c 文件，如图 8-31 所示。

图 8-31 MC51.c 文件

输入代码：引脚声明

```
/*********** 对应 GPIO 口宏定义 ******************/
/********code 1********start***/
// 引脚 PB0，查看 stm32l4xx_hal_gpio.h 文件可以查到其引脚定义为 GPIO_PIN_0
#define MC51_Pin    GPIO_PIN_0
// 端口 PB，查看 stm32l4xx_hal_gpio.h 文件可以查到其端口定义为 GPIOB
#define MC51_GPIO_Port    GPIOB
/********code 1********end*****/
/***********IO 操作函数***********************/
/********code 2********start***/
 // 读取 PB0 状态 ，声明读取方法，通过此方法我们能够及时获取 PB0 引脚的输入状态
#define   MC51_STATE   HAL_GPIO_ReadPin(MC51_GPIO_Port, MC51_Pin)
/********code 2********end*****/
初始化 MC-51 模块，配置引脚。
/********code 3********start***/
void MC51_Init(void)
{
    GPIO_InitTypeDef GPIO_InitStruct;        // 创建 GPIO 结构体
    __HAL_RCC_GPIOB_CLK_ENABLE();            // 使能 GPIOB 端口的工作时钟
    /* 配置引脚 */
    GPIO_InitStruct.Pin = MC51_Pin;          // 设置引脚
    GPIO_InitStruct.Mode = GPIO_MODE_INPUT;  // 设置引脚工作模式为输入
    GPIO_InitStruct.Pull = GPIO_NOPULL;      // 芯片内部无须设置上下拉电压
    HAL_GPIO_Init(MC51_GPIO_Port, &GPIO_InitStruct);  // 初始化 GPIO
}
/********code 3********end*****/
STM32 芯片读取门禁模块状态接口
/********code 4********start***/
uint8_t MC51_Read_State(void)
{
    return MC51_STATE;                       // 返回门禁状态
}
/********code 4********end*****/
```

步骤 5：编辑 user.c 文件。双击 user.c 文件，打开 user.c 文件，如图 8-32 所示。

项目八 物联网技术

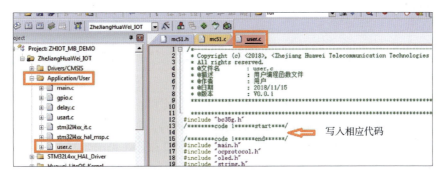

图 8-32 user.h 文件

引入门禁感应模块驱动头文件：

```
/********code 1******start****/
#include "mc51.h"
/********code 1******end******/
```
调用 user.h 文件中声明的门禁感应模块初始化函数：
```
/********code 2******start****/
 MC51_Init();
/********code 2******end******/
```

编写业务逻辑：

当门禁感应模块状态为 0 时代表门关，同时将状态发送到 OC 平台并显示到液晶屏上。
当门禁感应模块状态为 1 时代表门开，同时将状态发送到 OC 平台并显示到液晶屏上。

```
/********code 3******start****/
if(MC51_Read_State() == 1)
      {
          g_pltSendData.dInput_Door = 0;
          printf("门开 \r\n");
          if(_BC35G.State == BC35G_Connected)
          {
              OLED_ShowString(32,5,(unsigned char *)"Door:Open ",16);
          }
      }
      else
      {
          g_pltSendData.dInput_Door = 1;
          printf("门关 \r\n");
          if(_BC35G.State == BC35G_Connected)
          {
              OLED_ShowString(32,5,(unsigned char *)"Door:Close",16);
          }
      }
/********code 3******end******/
```

五、编译及下载

步骤1：编译。单击"编译"按钮，编译代码，如图 8-33 所示。
编译完成如图 8-34 所示。

图 8-33 编译按钮

图 8-34 编译完成示意图

如果 0 错误（0 Error）则说明前面编辑的代码没有错误，可以下载到硬件。

步骤 2：下载。连接上 ST-LINK 下载器，单击 LOAD 按钮（见图 8-35）下载程序。下载成功示意图如图 8-36 所示。

图 8-35 下载按钮

图 8-36 下载成功示意图

六、微信实训平台效果

步骤 1：打开微信，扫描实验箱上"1"处的二维码，关注 IOT 掌上实验室。

步骤 2：进入公众号，选择我的设备，登录教师分配的物联网账号（登录后，后续扫码会自动登录），如图 8-38 所示。

步骤 3：点击"扫码绑定"，扫描实验箱上"2"处的二维码或手动输入后，点击"提交"按钮进行设备的绑定。

图 8-37 实验箱二维码示意图

图 8-38 实训平台登录界面

图 8-39 绑定设备界面

步骤 4：点击"提交"按钮后，页面下方会出现对应的实训场景，点击"查看数据"按钮，如图 8-40 所示。

步骤 5：查看实验结果。MC-51 模块两部分合在一起时为关门，如图 8-41 所示。

图 8-40　查看数据界面　　　　　　　　　图 8-41　关门实验结果示意图

MC-51 模块两部分分开时为开门，如图 8-42 所示。

图 8-42　关门实验结果示意图

观察 OLED 液晶显示效果，如图 8-43 所示。

图 8-43　主控板液晶屏显示结果

MC-51 门禁模块介绍，如图 8-44、图 8-45 所示。

图 8-44　门磁探测器实物示意图

技术参数　有线铁门磁探测器 MC-51 门磁

- 尺寸：32 mm×15 mm×8 mm
- 感应距离：20～30 mm
- 孔距离：15 mm
- 开关形式：常闭型、常开型、转换型
- 电气参数：最大功率10 W、最高电压100 V、最大电流0.5 A
- 外壳材质：锌合金，银灰电镀

图 8-45　门磁探测器参数示意图

任务三　智能窗帘系统的设计制作

素养园地

培养学生热爱祖国，具有民族自尊心、自信心、自豪感；树立国家观念、道德观念、法治观念；讲科学、不迷信；具有自尊自爱，诚实正直，积极进取，不怕困难的品质。

任务目标

1. 知识目标

① 了解直流电机的工作原理。
② 了解智能窗帘系统的数据流向。
③ 了解智能窗帘系统的程序的编写。
④ 了解智能窗帘系统的硬件安装。

2. 能力目标

① 通过智能窗帘系统的设计制作,能分析出智能窗帘物联网系统的架构。
② 熟练叙述智能窗帘物联网系统开关指令的数据流向。
③ 能够完成智能窗帘系统实验要求的程序的编写和硬件安装。

3. 素质目标

① 增强工科素养。
② 培养团队协作能力、操作规范性和良好的组织纪律性。

任务描述

完成智能窗帘系统实验要求的软件的编写和硬件安装,能够运用 keil 5 软件完成智能窗帘系统的软件程序,能够利用华为物联网实验箱完成智能窗帘系统的硬件安装,最终实现智能窗帘物联网系统。

任务实现

一、原理图解析

由图 8-46 所示原理图分析可知,直流电机的控制引脚是 PWM1,通过查看 JP1 插槽发现其引脚连接到标号为 PA5 的引脚。根据 JP1 插槽的引脚标签可知其引脚接到 STM32 芯片的 PA5,后续代码编写过程中将会对芯片的 PA5 引脚进行 PWM 功能的配置。

图 8-46 电动机控制原理图

二、实验仪器

实验仪器见表 8-3。

表 8-3　实验仪器

序号	名称	数量	实验室位置序号
1	主板	1	04
2	智慧家居板	1	06
3	NB-IOT 模块	1	04
4	直流电机	1	10
5	STM32 烧写器	1	17
6	天线	1	19
7	排线	2	15
8	杜邦线	1	03
9	5 V 电源	1	16
10	24 V 电源	1	14
11	螺丝刀	1	20
12	计算机（安装有 keil 软件、RS-232 串口驱动、STlink 下载驱动、串口调试助手等软件）	1	

三、硬件连接

主板的 JP8 与智慧家居板的 JP2 相连接，主板的 JP9 与智慧家居板的 JP1 相连接，5 V 电源接到主板，给主板和智慧家居板供电，24 V 电源接到智慧家居板，给直流电机供电，如图 8-47 所示。

注意：24 V 电源应该在所有实验器材连接完成后运行时再通电。

视频

任务三 硬件连接

图 8-47　主控板与智慧家居板连接示意图

直流电机的连接：直流电机接线的颜色与主板上的文字要一一对应，如图 8-48、图 8-49 所示。

图 8-48　直流电机接线示意图 1

图 8-49　直流电机接线示意图 2

四、代码的编写

步骤1:打开工程。打开智慧家居中的代码,Motor → MAINBoard_Demo_Student → MDK–ARM → ZHIOT_MB_DEMO 文件,如图 8-50 所示。

步骤2:编译。编译的目的是将 .c 文件和 .h 文件关联起来,编译代码单击"编译"按钮,如图 8-51 所示。

图 8-50　ZHIOT_MB_DEMO 文件示意图

图 8-51　编译按钮

视　频

任务三　程序编写

编译完成示意图如图 8-52 所示。

图 8-52　编译完成示意图

步骤3:编辑 pwm.h 直流电机驱动程序头文件。

双击 pwm.h 文件,如图 8-53 所示,打开 pwm.h 文件,如图 8-54 所示。

图 8-53　pwm.h 文件位置　　　　　　　图 8-54　MC51.h 文件

添加 pwm 初始化函数声明和 pwm 设置函数声明。

```
/********code 1********start***/
extern    void    PWM_Init(void);                       // 初始化函数声明
extern    void    Motor_Duty_Set(uint8_t duty);         // 动态设置直流电机转速
/********code 1********end*****/
```

步骤 4：编辑 pwm.c 文件。双击 pwm.c 文件，打开 pwm.c 文件，如图 8-55 所示。

图 8-55　pwm.c 文件第一段代码位置

首先，进行时钟、分频、pwm 频率的设置，设置程序代码如下：

```
/********code 1********start***/
#define   SYSCLOCK                        16
 // 系统时钟，用于延时，需要用户根据系统时钟进行修改，单位 MHz
#define   PRESCALER_VALUE              (SYSCLOCK - 1)
 // 预频器值  即 SYSCLOCK / (PRESCALER_VALUE + 1) = 1M
#define   PERIOD_VALUE                    99
 // PWM 周期参数，PWM fclk= 1M / (99 + 1) = 10kHz
/********code 1********end*****/
```

其次，设置初始化预频器，编写第二段代码，如图 8-56 所示。

图 8-56　pwm.c 文件第二段代码位置

```
/********code 2********start***/
 htim2.Init.Prescaler = PRESCALER_VALUE;
/********code 2********end*****/
```

再次，设置初始化 PWM 周期，直流电机驱动频率为 10 kHz。

```
/********code 3********start***/
    htim2.Init.Period = PERIOD_VALUE;
/********code 3********end*****/
```

然后，初始化 PWM。

```
/********code 4********start***/
void  PWM_Init(void)
{
    MX_TIM2_Init();                                  // 初始化定时器 2
    TIM2->CCR1 = 100;                                // 设置直流电机停止
    HAL_TIM_PWM_Start(&htim2, TIM_CHANNEL_1);        // 启动 PWM
}

 /********code 4******end******/
```

最后，动态设置直流电机转速。

```
/********code 5********start***/
void  Motor_Duty_Set(uint8_t duty)
{
    if(duty >= 100)
       duty = 100;
        duty = 100 -duty;
    TIM2->CCR1 = (uint32_t)(duty * (PERIOD_VALUE + 1))/100;
}
/********code 5******end******/
```

步骤 5：编辑 user.c 文件。双击 user.c 文件，打开 user.c 文件，如图 8-57 所示。

图 8-57 user.c 文件

引入 PWM 驱动头文件：

```
/********code 1******start****/
#include "pwm.h"
/********code 1******end******/
```

调入 pwm.h 声明的 PWM 初始化函数：

```
/********code 2******start****/
 PWM_Init();
/********code 2******end******/
```

OLED 液晶显示屏显示直流电机状态：

```
/********code 3******start****/
 if(g_pltSendData.Motor_Duty = = 1)     // 直流电机为开时，电机转动，窗帘打开
            {
                OLED_ShowString(32,5,(unsigned char *)"Motor:Open ",16);
            }
                else if(g_pltSendData.Motor_Duty = = 0)
            {
                OLED_ShowString(32,5,(unsigned char *)"Motor:Close",16);
            }
/********code 3******end******/
```

远程接收数据处理函数为 ptl_Receive_OCData_Handle(char* data)，在此通过远程控制指令控制直流电机的转动和停止。

```
/********code 4******start****/
if(PwmOpenFlag = = 0)
{
            Motor_Duty_Set(0);
  }
                else if(PwmOpenFlag = = 1)
{
            Motor_Duty_Set(100);
  }
/********code 4******end******/
```

五、编译及下载

步骤 1：编译。单击"编译"按钮，如图 8-58 所示，编译代码。

图 8-58　编译按钮

编译完成，如图 8-59 所示。

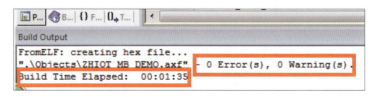

图 8-59　编译完成示意图

如果 0 错误（0 Error）则说明前面编辑的代码没有错误，可以下载到硬件。

步骤 2：下载。连接上 ST-LINK 下载器，单击 LOAD 按钮，下载程序，如图 8-60 所示。下载成功如图 8-61 所示。

图 8-60　下载按钮

图 8-61　下载成功示意图

六、微信实训平台效果

步骤 1：打开微信，扫描实验箱上"1"处的二维码，如图 8-62 所示，关注 IOT 掌上实验室。

图 8-62　实验箱上的二维码

步骤 2：进入公众号，选择我的设备，登录教师分配的物联网账号（登录后，后续扫码会自动登录），如图 8-63 所示。

步骤 3：点击"扫码绑定"，扫码实验箱上"2"处的二维码或手动输入后，点击"提交"按钮进行设备的绑定，如图 8-64 所示。

图 8-63　实训平台登录界面

图 8-64　绑定设备界面

步骤 4：点击"提交"按钮后，页面下方会出现对应的实训场景，点击"查看数据"，如图 8-65 所示。

步骤 5：控制窗帘。点击手机屏幕的窗帘开关，如图 8-66 所示，可以控制直流电机的转动和停止。

图 8-65　查看数据界面

图 8-66　电机开关示意图

观察液晶显示屏显示效果如图 8-67 所示。

图 8-67　主控板液晶屏实验结果示意图

巩固与练习

一、填空题

1. 首次提出物联网概念的著作是_____。
2. 物联网系统的目标是_____。
3. 人们把物体通过传感设备和无线通信技术，与互联网相连，其目的是使物体的有关信息能及时地通过互联网为需要这些信息的对象所获悉，以便对方能随时对物体进行识别、定位、跟踪、监控和管理，从而达到_____的第一步。

二、选择题

1. 物联网的概念最早是（　　）提出来的。
   A. 中国 B. 日本 C. 美国 D. 英国
2. 物联网的核心是（　　）。
   A. 应用 B. 产业 C. 技术 D. 标准
3. （　　）年中国把物联网发展写入了政府工作报告。
   A. 2000 B. 2008 C. 2009 D. 2010
4. 下列（　　）系统是物联网系统。
   A. 淘宝网站 B. 智能大棚管理系统
   C. 空调 D. 食品追溯系统
5. 三层结构类型的物联网不包括（　　）。
   A. 感知层 B. 网络层 C. 应用层 D. 会话层

三、查阅资料

1. 简述物联网典型的行业应用领域包括哪些？
2. 简述物联网安全涉及的范围有哪些？
3. 谈谈你对物联网的理解以及物联网对你生活的影响。

项目九 人工智能技术应用

人工智能应用技术涉及与人工智能相关的多个领域,包括但不限于机器学习、自然语言处理、计算机视觉和智能感知等。技术的发展涵盖了深度学习、多学科融合以及智能算法优化等方向。人工智能的核心在于其应用价值,随着技术的迅猛发展,人工智能已深入各行各业,成为新一代信息技术和服务业态的中坚力量。它通过对海量数据进行智能分析和处理,从中提取有价值的信息,优化决策过程,提升工作效率和服务质量。

任务 认识人工智能技术

素养园地

了解我国在人工智能发展领域的现状与政策,增强国家自信心,培养对科技创新的责任感和使命感。理解人工智能在促进社会发展中的积极作用,树立正确的价值观。

任务目标

1. 知识目标

① 理解人工智能的基本概念、起源与发展历程。
② 了解人工智能的主要技术,包括机器学习、深度学习、自然语言处理和计算机视觉等。
③ 了解人工智能的应用领域及其对社会经济的影响。

2. 能力目标

① 了解人工智能相关平台的使用,如天工 AI、KIMI 等。
② 尝试使用人工平台写作、生成 PPT、生成音乐等。

3. 素质目标

① 树立严谨的科学态度,提升学习兴趣,培养自主学习和终身学习的习惯。
② 增强团队合作意识和创新能力。

任务描述

通过本任务的学习,掌握人工智能的定义、主要技术及其应用场景。了解人工智能技术的起源、发展历程及其在各行业的应用领域。理解机器学习、深度学习、自然语言处理和计算机视觉等关键技术的基本概念。了解数据预处理、模型训练与评估、模型部署及优化等人工智能技术的基本流程。理解人工智能在数据采集、数据分析、智能决策和自动化执行等方面的应用。知晓

TensorFlow、PyTorch、Keras 等常用的人工智能框架和工具，了解它们的基本功能和使用方法。了解人工智能项目的实施步骤，包括需求分析、数据准备、模型构建、结果评估和应用落地等环节。通过案例学习，了解人工智能在医疗、金融、交通、教育等领域的具体应用实例，提升对人工智能技术的理解和应用能力。

任务实现

一、背景介绍

人工智能作为一种前沿技术，旨在通过模拟人类的智能行为，提升机器的学习、推理和自我优化能力。它不仅在科技领域引发了革命性的变革，也在医疗、金融、交通、教育等多个行业中发挥着越来越重要的作用。通过深度学习、自然语言处理和计算机视觉等技术，人工智能能够从海量数据中提取有价值的信息，帮助企业和个人做出更智能的决策。随着人工智能技术的不断进步和应用场景的不断扩展，未来社会将更加智能化。人工智能不仅是技术的进步，更是推动社会变革的重要力量，标志着人类社会进入了一个全新的智能时代。

二、人工智能技术基本理论

1. 人工智能的定义

人工智能是计算机科学的一个分支，旨在模拟、延伸和扩展人类智能，主要包括感知、推理、学习和决策等能力。

2. 人工智能技术的分类

人工智能技术可以分为机器学习、深度学习、自然语言处理和计算机视觉等。

（1）机器学习

通过数据训练模型，使计算机具备自我学习和改进的能力。

（2）深度学习

一种基于神经网络的机器学习方法，适用于处理复杂数据，如图像和语音。

（3）自然语言处理

使计算机能够理解、分析和生成自然语言。

（4）计算机视觉

使计算机能够"看"并理解图像和视频。

3. 人工智能的应用领域

人工智能的应用已经遍及各个领域，如医疗、金融、交通和教育等。人工智能在各领域中的作用举例如下：

（1）医疗

辅助诊断、个性化治疗、药物研发等。

（2）金融

风险评估、智能投顾、欺诈检测等。

（3）交通

自动驾驶、智能交通管理、物流优化等。

（4）教育

自适应学习系统、智能辅导、教育数据分析等。

三、人工智能技术的应用举例

人工智能平台是一个集成了多种人工智能技术和工具的综合性系统，旨在为用户提供便捷的 AI 开发、部署和应用服务等相关功能。下面以天工 AI 平台为例，体验 AI 的应用。

天工 AI 是一个集成了多种先进人工智能技术和工具的智能平台，旨在为用户提供高效、便捷的 AI 解决方案。该平台致力于通过深度学习、自然语言处理、计算机视觉等技术，帮助企业和个人在各自领域实现智能化转型和创新。天工 AI 主界面如图 9-1 所示。

图 9-1　天工 AI 主界面

1. 智能文档处理应用

天工 AI 提供自动生成报告、摘要提取和文档分析等功能，帮助用户快速处理和管理文档，提高工作效率，智能文档处理如图 9-2 所示。

图 9-2　智能文档处理

智能文档处理步骤如下：
（1）报告生成
① 登录天工 AI 平台。打开浏览器，访问天工 AI 官网，并使用账户信息进行登录。如果没有账号，先进行注册，创建一个账户。
② 打开"AI 文档"界面。在主页面的导航栏中，找到并单击"AI 文档"选项，打开相应的工作界面。
③ 单击"生成报告"选项。在"AI 文档"界面内，找到并单击"生成报告"按钮，开始创建新报告的流程。
④ 上传数据文件。系统提示上传包含数据的文件。准备好要上传的 Excel 或 CSV 格式的数据文件，单击"上传"按钮，上传相应的文件。
⑤ 选择报告类型。上传成功后，系统将显示可用的报告类型选项。根据需求，选择合适的报告类型，例如销售报告或市场分析报告。
⑥ 单击"生成"按钮。确认所有设置后，单击"生成"按钮。系统将自动开始分析已上传的数据，并按照所选的报告类型生成相应的报告。
⑦ 下载和审阅报告。报告生成完成后，系统会提供下载链接。单击该链接以下载报告文件。下载后，可以打开报告进行审阅，并根据需要进行任何修改或调整。
（2）摘要提取
① 打开"AI 文档"界面。在天工 AI 平台的主界面中，找到并单击"AI 文档"选项。
② 选择"摘要提取"功能。在"AI 文档"界面内，找到并选择"摘要提取"功能，开始提取文章摘要。
③ 上传文档。准备好需要提取摘要的文档，支持的文件格式包括 PDF 和 Word 等。单击"上传"按钮，选择并上传文件。
④ 单击"提取摘要"按钮。文件上传成功后，单击"提取摘要"按钮，系统将自动分析文章内容并生成简明扼要的摘要。
⑤ 查看和调整摘要。提取完成后，查看生成的摘要结果。根据需要，可以对摘要进行必要的调整和修改，以确保其准确性和完整性。
（3）音视频分析/视频内容识别
① 登录天工 AI 平台。首先，使用自己的账户信息登录天工 AI 官网。如果还没有账户，请先进行注册申请。
② 进入"音视频分析"模块。在平台主界面找到并单击"音视频分析"模块，进入相关功能页面。
③ 选择"视频内容识别"功能。在"音视频分析"模块中，选择"视频内容识别"功能，开始分析视频文件的内容。
④ 上传视频文件。准备好需要分析的视频文件，单击"上传"按钮，选择并上传该文件至平台。
⑤ 单击"开始识别"按钮。在视频文件上传完成后，单击"开始识别"按钮。系统将自动对视频内容进行分析和识别。
⑥ 查看并编辑生成结果。分析完成后，查看系统生成的标签和描述。根据需要，对这些信息进行编辑和调整，确保它们准确反映视频内容，然后保存修改。

（4）音频转文字

① 进入"音视频分析"模块。登录天工 AI 平台后，找到并单击"音视频分析"模块。

② 选择"音频转文字"功能。在该模块中，选择"音频转文字"功能，以开始将音频文件转换为文本。

③ 上传会议录音文件。准备好需要转换的会议录音文件，支持 MP3、WAV 等格式。单击"上传"按钮，选择并上传该文件。

④ 单击"转换"按钮。文件上传成功后，单击"转换"按钮，系统将自动进行音频内容的文本转换。

● 视频
文章生成

⑤ 下载并审阅文本文件。转换完成后，下载生成的文本文件。打开文件进行详细审阅，并根据实际需要进行修改和调整，以确保文本的准确性和完整性。

2. AI 写作应用

利用自然语言处理技术，帮助用户进行文章创作、内容生成和语言润色，适用于内容创作者、营销人员和学术研究者，如图 9-3 所示。

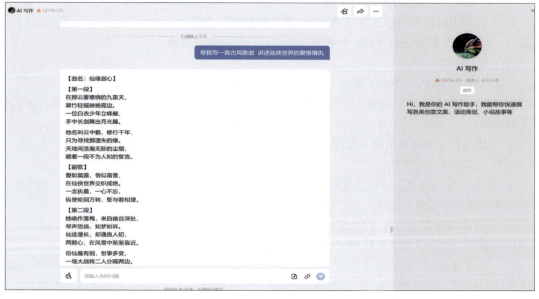

图 9-3　AI 写作功能

AI 写作步骤如下：

（1）文章创作

① 登录天工 AI 平台。使用自己的账户信息进入天工 AI 平台。如果没有账户，请先注册申请。

② 进入"AI 写作"模块。在平台的主界面中，找到并选择"AI 写作"模块。

③ 选择"文章创作"功能。在"AI 写作"模块中，选择"文章创作"功能，开始创作新的文章。

④ 输入主题和关键词。根据需求，输入文章的主题和相关关键词，并设置所需的文章字数。

⑤ 单击"生成文章"按钮。完成设置后，单击"生成文章"按钮，系统将自动生成与主题相关的文章内容。

⑥ 查看并完善生成的文章。生成后，仔细查看文章内容，并根据需要进行修改和完善，以确保文章符合期望和要求。

（2）语言润色

① 进入"AI写作"模块。登录天工AI平台后，导航至"AI写作"模块。

② 选择"语言润色"功能。在该模块中，选择"语言润色"功能，开始对文章进行优化。

③ 上传待润色的文章。单击"上传"按钮，选择并上传需要润色的文章文件。

④ 单击"润色"按钮。上传完成后，单击"润色"按钮，系统将自动进行语法检查和用词优化。

⑤ 下载并审阅润色后的文章。润色过程结束后，下载优化后的文章，对最终稿件进行审阅，以确保其符合期望和标准。

3. 音乐生成应用

提供原创音乐生成服务，用户可以根据需求生成不同风格的音乐，适用于视频制作、广告和活动场合。

音乐生成步骤如下：

（1）背景音乐生成

① 登录天工AI平台。使用账户信息登录天工AI平台，如尚未注册，请先创建账户。

② 进入"AI音乐"模块。在平台的主界面中，找到并进入"AI音乐"模块。

③ 选择"背景音乐生成"功能。在该模块内，选择"背景音乐生成"功能，开始创建背景音乐。

④ 选择音乐风格和时长。根据需求，选择合适的音乐风格（如轻音乐、电子音乐等）以及所需的音乐时长。

⑤ 单击"生成音乐"按钮。完成设置后，单击"生成音乐"按钮，系统将自动生成符合要求的背景音乐。

⑥ 下载并应用音乐文件。生成音乐后，下载该音乐文件，并将其应用于视频或活动中。

（2）旋律创作

① 进入"AI音乐"模块。登录天工AI平台后，导航到"AI音乐"模块。

② 选择"旋律创作"功能。在模块中，选择"旋律创作"功能，开始创作新的乐曲。

③ 输入旋律或和弦信息。根据创意，输入简单的旋律或和弦信息。

④ 单击"生成乐曲"按钮。完成输入后，单击"生成乐曲"按钮，系统将基于提供的信息生成一首完整的乐曲。

⑤ 下载并使用生成的乐曲。下载生成的乐曲，并可用于演奏或作为进一步创作的基础。

视频
音乐生成

4. AI图像生成应用

通过深度学习技术，根据用户的描述生成高质量的图像，支持艺术风格转换和场景生成，广泛应用于设计和创作领域，如图9-4所示。

AI图像生成步骤如下：

（1）场景生成

① 登录天工AI平台。使用账户信息登录天工AI平台，如尚未注册，请先创建账户。

② 进入"AI图片生成"模块。在平台主界面中，找到并进入"AI图片生成"模块。

③ 输入描述信息。输入想要生成图像的描述，例如"日落时分的海滩"。

④ 选择图像风格。根据需求，选择希望生成的图像风格，如写实、卡通等。

⑤ 单击"生成图像"按钮。完成描述和风格选择后，单击"生成图像"按钮，系统将自动生成符合要求的图像。

视频
图片生成

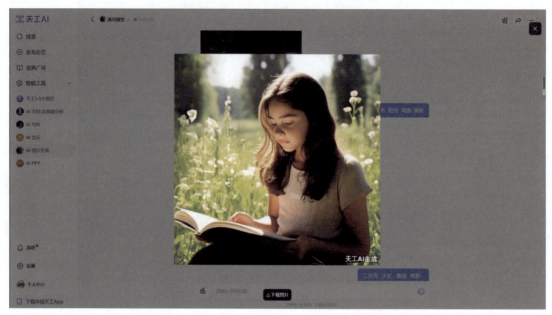

图 9-4 AI 图片生成界面

⑥下载并应用生成的图像。下载生成的图像,并将其用于设计或插图项目中。

(2)艺术风格转换

①选择"艺术风格转换"功能。在"AI 图片生成"模块中,选择"艺术风格转换"功能。

②上传照片。上传需要进行风格转换的照片。

③选择目标艺术风格。从选项中选择艺术风格,如印象派、抽象派等。

④单击"转换"按钮。选择完成后,单击"转换"按钮,系统将自动生成具有所选风格的图像。

⑤下载并使用转换后的图像。下载转换后的图像,用于展示或其他应用场景。

5. AI PPT 自动生成应用

用户输入主题和要点,系统能够自动生成专业的演示文稿,支持多种模板和样式选择,方便商务和学术展示,如图 9-5、图 9-6 所示。

图 9-5 AI PPT 生成大纲

图 9-6 生成 PPT 效果

AI PPT 自动生成步骤如下：

（1）自动生成演示文稿

① 登录天工 AI 平台。使用账户信息登录天工 AI 平台，如尚未注册，请先创建账户。

② 进入"AI PPT"模块。在平台主界面中，找到并进入"AI PPT"模块。

③ 选择"生成 PPT"功能。单击"生成 PPT"功能以开始创建演示文稿。

④ 输入演讲主题和要点。输入演讲主题和要点，并选择所需的模板风格。

⑤ 单击"生成 PPT"按钮。完成信息输入后，单击"生成 PPT"按钮，系统将自动生成包含图表、图片和文字的幻灯片。

⑥ 下载并审阅生成的 PPT 文件。下载生成的 PPT 文件，进行审阅和必要的修改，确保其符合需求。

（2）模板选择与调整

① 选择"模板选择"功能。在"AI PPT"模块中，选择"模板选择"功能。

② 浏览模板。浏览可用的模板，并选择演示风格。

③ 上传幻灯片文件。上传幻灯片文件，并选择所需的调整选项。

④ 应用模板。单击"应用模板"按钮，系统将自动调整幻灯片的布局和设计。

⑤ 下载调整后的 PPT。下载调整后的 PPT 文档，进行最终修改和展示。

四、国产模型之光——DeepSeek 智能平台技术解析

1. 诞生背景与战略意义

DeepSeek（深度求索）是由中国科研团队自主研发的新一代人工智能基础技术平台，成立于 2022 年。其诞生标志着我国在通用人工智能（AGI）领域的重要突破：

（1）技术攻坚：突破大模型训练中的注意力机制优化、万亿参数高效调度等关键技术。

（2）国家战略：响应《新一代人工智能发展规划》对基础算法创新的要求。

（3）行业需求：解决企业智能化转型中存在的数据孤岛、场景碎片化等痛点。

2. 核心技术架构

DeepSeek 采用 MoE+Transformer 混合架构，具备三大技术特性（见图 9-7）：

（1）多模态理解：同步处理文本、代码、图像等多类型数据（支持 128k tokens 超长上下文）。

（2）持续进化：通过 RLHF（人类反馈强化学习）实现模型迭代优化。

（3）国产适配：深度适配华为昇腾、海光 DCU 等国产算力平台。

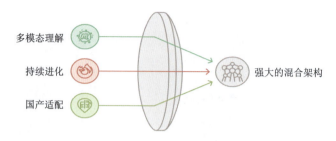

图 9-7　核心框架特性

3. 核心功能应用

（1）智能代码生成。登录 DeepSeek 网页平台，进入"代码工坊"模块（生成代码见图 9-8），接着输入需求描述："帮我生成前端代码"，选择技术栈（HTML/CSS3/JAVASCRIPT）及代码规范要求，系统生成前端代码示例，根据需求进一步进行提问。

图 9-8　生成代码

（2）行业知识引擎：
① 选择"行业智脑"解决方案中心，上传金融风控业务数据（自动完成数据脱敏）。
② 输入分析需求：建立小微企业信贷风险评估模型。
③ 平台自动生成特征工程方案与机器学习模型。
④ 输出可解释性分析报告与部署指南。
（3）科研辅助系统：
① 访问"学术助手"功能模块。
② 输入研究主题：基于联邦学习的医疗影像分割方法。
③ 获取最新文献综述、实验方案建议与代码模板。
④ 自动生成符合 IEEE 标准的论文初稿。

4. 发展趋势展望

（1）技术突破：向多模态 AGI 系统演进，实现文本、语音、视觉的深度融合。
（2）行业渗透：重点突破生物医药、量子计算等尖端领域的智能化改造。

（3）生态建设：构建开源模型社区（已开放 DeepSeek-7B 等系列模型）。

  DeepSeek 与天工 3.0 大模型的协同创新，标志着我国在人工智能领域实现"基础研究—技术突破—产业落地"的全链条突破。DeepSeek 凭借自主研发的 MoE 架构与全链路自主可控技术，为天工 3.0 等上层应用提供强大的智能底座——其 128k tokens 超长上下文处理能力使复杂任务自动化效率提升 58%，而华为昇腾等国产硬件的深度适配更保障了关键技术安全。在实际应用中，两大平台通过智能代码生成、行业知识引擎等创新功能，已赋能金融、医疗等 12 个重点领域实现智能化改造，IDC 数据显示采用该解决方案的企业业务决策效率平均提升 47%，研发周期缩短 40%。这种产学研深度融合的创新模式，不仅构建起日均处理 10 亿次请求的智能生态（CLUE 中文理解评测持续领先），更通过开放 DeepSeek-7B 等开源模型，为 AI 人才培养提供了涵盖算法优化、场景落地的全维度实践平台，真正实现科技创新与产业升级的双向赋能。

巩固与练习

1. 尝试运用天工 AI 进行音乐创作和图片生成等创意功能。
2. 积极探索各类平台，如文心一言、KIMI 等，以拓宽视野。
3. 使用 DeepSeek 完成以下任务：
（1）为智能家居场景生成设备控制代码。
（2）撰写某领域研究现状分析报告。
（3）对比分析 DeepSeek 与天工 AI 在技术架构上的异同。
（4）探讨国产 AI 平台在保障数据安全方面的特殊价值。

参 考 文 献

[1] 中国电子技术标准化研究院. 智能制造标准化[M]. 北京：清华大学出版社，2019.
[2] 王芳，赵中宁. 智能制造基础与应用[M]. 北京：机械工业出版社，2018.
[3] 布劳克曼. 智能制造：未来工业模式和业态的颠覆与重构[M]. 北京：机械工业出版社，2015.
[4] 米勒 M R，米勒 R. 工业机器人系统及应用[M]. 北京：机械工业出版社，2019.
[5] 蒋正炎. 工业机器人安装与调试[M]. 北京：机械工业出版社，2017.
[6] 刘朝华. 工业机器人机械结构与维护[M]. 北京：机械工业出版社，2020.
[7] 李杰，倪军，王安正. 从大数据到智能制造[M]. 上海：上海交通大学出版社，2016.
[8] 许磊. 物联网工程导论[M]. 北京：高等教育出版社，2018.
[9] 桂小林. 物联网技术导论[M]. 2版. 北京：清华大学出版社，2018.
[10] 吴玉厚，陈关龙，张珂，等. 智能制造装备基础[M]. 北京：清华大学出版社，2022.
[11] 黄培，许之颖，张荷芳. 智能制造实践[M]. 北京：清华大学出版社，2021.
[12] 尹静，杜景红，施灿涛. 智能工厂制造执行系统（MES）[M]. 北京：化学工业出版社，2024.
[13] 宁振波. 智能制造的本质[M]. 北京：机械工业出版社，2021.
[14] 刘宏涛，林龙驰，唐世党. 智能制造管理运营手册：基于数字孪生的实操系统[M]. 北京：化学工业出版社，2022.
[15] 周济，李培根. 智能制造导论[M]. 北京：高等教育出版社，2021.
[16] 赵海峰，黄丽娟. 工业机器人技术及应用[M]. 北京：电子工业出版社，2023.
[17] 李锋，李宗泽，张永乐. ABB工业机器人现场编程与操作[M]. 北京：化学工业出版社，2021.
[18] 史玉升. 增材制造技术[M]. 北京：清华大学出版社，2023.
[19] 朱秀丽，李成伟，刘培超. 智能制造生产线装调与维护[M]. 北京：机械工业出版社，2023.
[20] 张燕，邹立达，张睿，等. 大数据技术基础与应用[M]. 北京：高等教育出版社，2024.
[21] 刘云浩. 物联网导论[M]. 4版. 北京：科学出版社，2022.
[22] 董晓虹，章智，周家东. 精益智能制造管理[M]. 杭州：浙江大学出版社，2021.